高等院校摄影摄像基础教程

数码摄像教程

夏正达 编著

上海人民美术出版社

目 录

004　前言　　第1章　摄像概述

006　　第一节　影视史话
008　　第二节　影视制作分类
010　　第三节　摄像涉及领域
011　　第四节　摄像师的素质

第2章　摄像原理

013　　第一节　摄像设备
023　　第二节　相关器材
025　　第三节　画面像素
026　　第四节　发展方向

第3章　基本操作

028　　第一节　持机
031　　第二节　机位
039　　第三节　取景
042　　第四节　聚焦

第4章　画面构图

044　　第一节　基本要领
046　　第二节　构图方法
049　　第三节　构图形式
051　　第四节　透视关系

第5章　固定镜头

055　　第一节　视觉效果
057　　第二节　镜头特性
058　　第三节　错误表现
059　　第四节　摄录要领

第6章　运动镜头

061　　第一节　拉镜头
063　　第二节　推镜头
065　　第三节　摇镜头
068　　第四节　移镜头
070　　第五节　跟镜头
074　　第六节　综合运动镜头

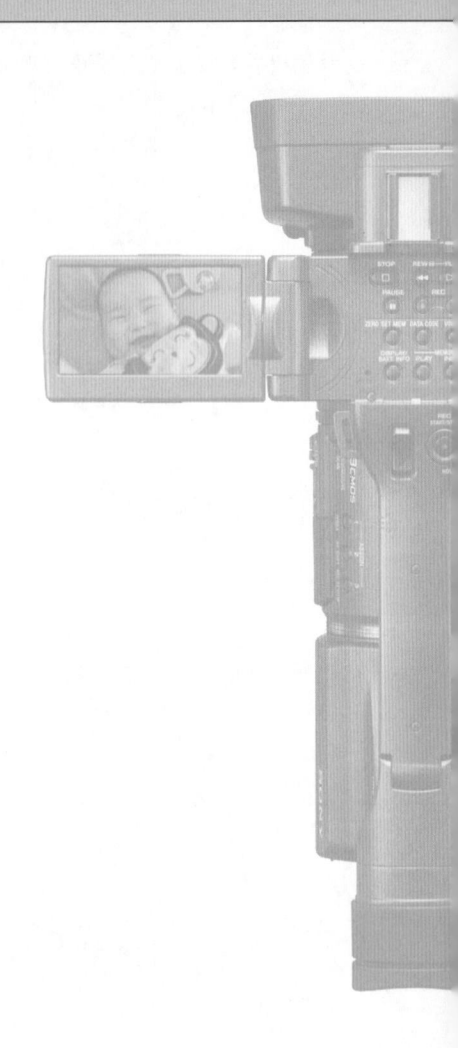

第 7 章 镜头语言
- 075 第一节 客观镜头
- 077 第二节 主观镜头
- 084 第三节 反应镜头
- 087 第四节 空镜头

第 8 章 光影色彩
- 092 第一节 光的简介
- 095 第二节 色温与白平衡
- 098 第三节 摄像用光
- 102 第四节 色彩与影调

第 9 章 镜头要素
- 109 第一节 时间要素
- 111 第二节 空间要素
- 115 第三节 声音要素
- 116 第四节 切分要素

第 10 章 画面组接
- 119 第一节 组接概述
- 121 第二节 蒙太奇简介
- 124 第三节 视觉规则
- 132 第四节 转场技巧

第 11 章 影像节奏
- 141 第一节 节奏与心理体验
- 142 第二节 节奏与作品题材
- 145 第三节 节奏的创造
- 146 第四节 节奏的运用

第 12 章 摄制体例
- 149 第一节 会务片
- 151 第二节 展演片
- 152 第三节 资料片
- 155 第四节 宣传片

附录 家庭ＤＶ
- 157 一 孩子成长
- 160 二 日常生活
- 161 三 生日聚会
- 163 四 旅游风光

前　言

摄像，伴随电视而生，是电视系统工程中的一个必不可少的组成部分。作为"摄编存播显"的第一环节，它决定了影像"有没有"或"好不好"，是整体制作链条中最基本的也是最关键的一环。

摄像是指使用摄像器材对镜头前的现实场景进行记录，它所记录的影像必定是现有真实的再现，有别于绘画，它不能"无中生有"。这一点摄像与摄影相似，具有鲜明的纪实性。同时，摄像记录的图像是活动的，很明显它又接近于电影。然而，摄像所用以记录的材料、成像的原理和传播方式却不同于电影，是一种更为新颖的技术手段和更具吸引力的表现形式。

摄像影像通过电视台以广播方式直接广泛传送，不同于电影仅仅局限在电影院中播放。因而电视的传播面更广、速度更快，效果更真实、更及时，收视更方便也更生活化，不言而喻其受众更多。这也正是电视艺术尽管比较年轻，诞生至今仅仅70年，却能够以惊人的速度蓬勃发展的重要原因之一。

电视的发展又促使摄录器材的进步，在家用摄录机出现以后，更多人得到参与活动的机会，摄像不再专属于电视台。家庭DV的普及，如同插上了翅膀"飞入寻常百姓家"，走上大众化的道路，人们变被动接受为主动投入，成为影像创作的生力军。

20世纪末，数字技术在摄录器材和后期编辑中的成功运用，推动了又一次革命性的腾飞。近几年来，视频记录和存储介质的更新发展基本实现"数字化"，逐渐"高清化"并向"无带化"稳步过渡。办公自动化广泛应用，先进的实用软件相继推出，各种数字新媒体不断涌现，尤其在2010年国务院决定加快推进我国电信网、广播电视网和互联网三网融合后，视频影像节目制作需求呈如火如荼发展态势。

伴随社会经济蓬勃发展和精神文化生活的提高，动态影像如各种会务片、展演片、资料片、宣传片以及家庭生活片、个人艺术电影比如婚纱MV、女性视频写真和儿童高清短片等的拍摄需求日渐增多，因而视频摄制业应运而生，成了欣欣向荣具有相当广阔发展前景的专门行业。

数字化高清化时代，人们不但对视频影像的清晰度越来越重视，而且对影视片技术和艺术含量的要求也相应提高。无论影视从业人员还是业余爱好者，如今都通过实践逐渐认识到，作为前期第一环节——摄像在整个影像制作中的重要地位。为提高自身的技艺水平以适应竞争的氛围和发展的需求，人们学习摄像的热潮风起云涌。

如今，除摄像机外，大部分数码照相机也提供摄像功能；高清CMOS成像器件和镜头的小型化，使手机也具备了高清视频的记录功能……我们对于手机拍摄新闻照片已经见多不怪了，在微博这类快速成长中的"自媒体"平台上，数量庞大的照片已经成为每日热点资讯中不可或缺的组成部分。展望未来，信息量更加丰富的视频影像将与文字、照片并驾齐驱，成为资讯传播的主流方式。

影像技术的数字化拉近了摄像、摄影和电影的距离，几乎把三者融为一体。这体现在摄像器材的多功能化：既可摄录视频，也可拍摄图片，又能以24P电影方式记录……

第 1 章 摄像概述

摄像是使用摄像器材对镜头前的现实场景进行记录。从这个意义上说，摄像与摄影相同，它所记录的影像必定是现有真实的再现，很明显有别于绘画，它不能"无中生有"。

摄像与摄影又有所不同。摄影记录的是瞬间影像；而摄像是连续记录（犹如一幅幅连贯的照片），它的图像是活动的，其表现形式更接近于电影，因而更具吸引力。

家用摄像机的问世，尤其是家庭 DV 的普及，摄像如同插上了翅膀飞向"寻常百姓家"，走上大众化的道路，人们变被动接受为主动参与，成为影像创作的生力军。

技术数字化是影像领域的一场革命，随之而来的是图像"高清化"和存储介质"无带化"的变革，这些均以一日千里的速度迅猛发展。况且日常生活电器多功能化，比如手机也能拍视频，更促进了人们摄录影像的热情。

数字影像在基本实现了高清化的今天，学习摄像的基础技艺显得尤为必要。

第一节 影视史话

一 摄影术

摄像与摄影以及电影具有技术上和表现形式上的联系，伴随着科技的发展进步，它们之间存在一定的借鉴和传承关系。

图 1-1-1

二 电影诞生

有人想到用照相机拍摄连续的画面，多架照相机顺序排列，拍摄马奔跑时的姿态。马蹄腾空的瞬间被连续记录下来，获得了拍摄活动物体的方法。接着又有软胶片的研究成功、"软片式连续摄影机"的问世、胶片打孔牵引方法的发明等等。直至 1895 年 12 月 28 日，法国的卢米埃尔兄弟在巴黎用"活动电影机"首次售票公映了影片。第一部放映的影片是《火车进站》，整部电影只是一列火车驶进站台，当火车快速开向银幕方向时，观众们大喊大叫、惊恐躲闪，以为火车会冲出来撞到他们。之前没有人看过这样的画面，电影轰动了整个世界，标志着电影诞生。图 1-1-1

三 电视的发明

从广义上说，电视的发明是与广播的诞生一脉相承的。电报和电话的相继出现、光电效应的发现、图像扫描技术和光电摄像管的应用直接促成了电视的降生。可以说电视是电报的继承者，是在电话和广播传送了声音之后的进一步发展。1936 年 11 月 2 日，英国广播公司在伦敦市郊的亚历山大宫向公众播出了有史以来的第一个电视节目，正式宣告了电视的诞生。图 1-1-2

图 1-1-2

图 1-1-3

电视，可称得上是 20 世纪人类最伟大的发明之一，它的魅力和威力是此前任何一种传播手段所无法比拟的。

四　录像技术

20 世纪 40 年代至 50 年代中期，由于录像技术尚未发明以及摄像器材的限制，电视的"播放"一直采用"直播"的形式，有点像现今的监视探头。

50 年代中后期，磁带录像机问世并逐步完善，使录像与后期编辑得以成为可能。60 年代后科学技术快速发展，到 70 年代，电视的播放已基本上实现了采用"录播"的方式。

我国于 1958 年建立了"北京电视台"，也就是现今"中央电视台"的前身，标志着我国广播电视事业的发轫。起初录像机与摄像头分体，若干年后又出现了二者合二为一的摄录一体机，其技术更先进、使用更方便。至此，电视系统工程实现从摄录、编辑到播出"一条龙"。电视，这位"第九女神"正以天马行空之势，营造人类文化史上最华彩的乐章。图 1-1-3

五　摄录技术数字化

之后接踵而来的是摄录器材不断更新换代，尤其从 20 世纪 90 年代率先在家用领域出现 Mini DV 实现了数字化，可以说这是一场翻天覆地的变革。数字技术逐渐成熟并向专业领域发展应用，从此摄录器材开始由模拟时代进入数字时代。

与此同时各种编辑软件应运而生，视频影像与电脑联姻，得以在计算机上作"非线性"编辑处理，真可谓如虎添翼，随心所欲地自由翱翔，简直是"改朝换代"般的划时代的伟大变革。

六　数字化开拓发展

进入新世纪，随着科技迅猛发展，摄录器材又在图像清晰度上开拓创新，从"标清"到"小高清"再到"全高清"（Full HD）。

与此同步发展的是图像记录存储介质的变革：磁带——光盘——硬盘——储存卡（也叫闪存卡）。尤其是家用级摄录器材品种不断更新，操作更加简便，价格逐渐下降，朝着"平民化"方向靠拢。

如今摄录影像已毫不稀奇，并不非得用摄像机，数码照相机能拍，手机也能拍，前不久又出现了能拍视频的手表……这些新玩意可称作广义上的"动态影像摄录设备"，谁都能玩。有人说，现在简直是"全民皆拍"。

终端显示器材种类也呈多样化，播放动态影像也不单靠电视机，手掌式的播放器品种繁多，个人制作的视频还可上传到互联网播放。路边高楼、街头广场的大屏幕比比皆是，楼道、大堂电梯内外的小屏幕见缝插针，随处可见。

第二节 影视制作分类

一 摄制类型

影视摄制方式有三大类型，分别为：电子新闻采集方式（ENG）、电子现场制作方式（EFP）和电子演播室摄制方式（ESP）。

1. 电子新闻采集方式（ENG）

电子新闻采集方式，是指摄像师携带摄录机进行现场采访摄制的方式。

图 1-2-1

电子新闻采集的特点是迅速、灵活，可以独立完成对新闻事件的摄制和转播。如果拍摄内容不限于新闻报道，那么凡是记录性的"外拍"，无论是会务片、展演片、资料片或其他纪实专题片的拍摄，均可归入电子新闻采集方式摄制类型。图 1-2-1

2. 电子现场制作方式（EFP）

电子现场制作方式，实际上是一个小型化可移动的电视制作系统工程。

电子现场摄制将拍摄现场多台摄像机采集的信号传送到电视转播车，进行现场编辑制作、录像或直播。通常重大新闻事件报道或体育比赛、文艺表演的转播等会采用这种方式。图 1-2-2

3. 电子演播室摄制方式（ESP）

电子演播室摄制方式，是在演播室内录制节目。

电子演播室摄制方式的拍摄条件最好，拥有最高的节目技术指标。

演播室摄制，一般包括节目表演场所和导演控制室。节目的协调和调度以及镜头的切换，均由导播在导控室掌握并初步完成画面的基本组接（粗剪）。图 1-2-3

二 节目类型

按照内容和摄制方式的不同，可将电视节目分为纪实类与艺术类；根据节目的不同拍摄现

图 1-2-2

图 1-2-3

场，可将节目摄制工作分为演播室类和外景类。

1. 纪实类与艺术类

这两种节目类型采用不同的拍摄方式，主要区别在于记录对象、记录方式和表现目的之不同。

（1）纪实类

纪实类节目包括电视新闻、电视纪录片、纪实性专题片等。

在纪实类摄像中，被摄对象是现实生活中的人物和事件，所表现的动作事态是不可逆转的，具有"无重复性"特征，已发生的不能"再现"，摄像师的任务是将事件真实、完整、全面地记录下来。拍摄过程中，摄像师不能介入现场事件中对人和事进行组织和安排，他只不过是整个过程的目击者和记录者。

因此摄像师应当随时注意事态进程，预见事态发展，将最具典型意义的人物活动和事件始末如实记录下来。

（2）艺术类

艺术类节目包括电视剧、文艺节目、广告、音乐片（MTV）和宣传片等。

艺术类影像所拍摄的对象通常是虚拟的经过编排的人物和事件，整个过程强调的是创作人员的主观表现和艺术风格。被摄人物往往是演员，事件情节发展变化经过导演组织安排并多次排练，因而具有假定性和可重复性。

摄像师的任务是：将眼前的场景和活动以最具感染力的形式呈现在屏幕上。图1-2-4

2. 演播室类和外景类

（1）演播室类

演播室类摄像是在专业化的摄影棚内进行，现场各种精良的摄录设备都被调试到最佳状态。所有参与者都积极配合摄制工作，摄像师直接受现场编导的指挥调度并与各部门技术人员协同合作。

（2）外景类

外景类摄像是在实际生活环境中进行的，摄像师必须适应现场多变的光线条件和复杂的拍摄环境。这对摄像工作提出了较高的要求，相对来说，外景类摄像师需要具备更强的组织能力和技术水平。图1-2-5

图 1-2-4

图 1-2-5

第三节 摄像涉及领域

图 1-3-1

摄像既是一项技术性较强的活动，又是一种艺术造型门类。摄像几乎涉及所有的艺术领域，如文学、美术、摄影、音乐、戏剧、科技等等。因此，一个真正合格的摄像师除了必备的技术能力以外，更须具有相当高的艺术修养。

一 摄像与文学

影像制作首先取决于构思，构思往往首先表现在文学逻辑思维方式上。尤其是艺术类节目，直接按照文学剧本拍摄，摄像画面就是文学形象的视觉化。

摄像师应当多多学习优秀的中外文学作品，从中探索艺术形象的创作规律、作品风格及表现形式。也可以说，文学作品为摄像师的形象思维提供了依据。图 1-3-1

二 摄像与美术摄影

摄像师至少应当是美术作品和摄影作品的优秀的鉴赏者。

美术、摄影、摄像同属视觉艺术，是最接近的艺术门类，其中许多技法相通，例如画面构图、透视、光影、色彩、风格处理等。摄像应当从美术、摄影作品中吸收养分。

假如摄像师具有较强的审美鉴赏能力，那么对自己作品的艺术表现将会有很大的帮助。

三 摄像与音乐戏剧

摄像师的音乐素养也十分重要，它体现在两个方面：其一是对影像节奏的把握，其二是画面对音乐的表现。

摄像师应当对音乐的表现内容有较深刻的理解和准确的把握，并且能够体味旋律语汇的美感，抓住音乐的主题形象。

戏剧艺术与电影、电视艺术的关系十分密切，表现的都是主体人物的活动。它们在塑造形象、结构安排、情节发展、刻画人物性格乃至场面调度等方面是一致的。摄像师对戏剧理论应当有一定程度的了解。

四 摄像与科技

摄像还涉及许多科学技术领域。

摄像机本身就是集光学、电子学于一体的高科技产品，摄像师除了必须熟练操作以外，还应当对其材料结构和基本工作原理有所了解，方能运用自如。

摄像师还必须熟悉各种相关摄录设备器材（如三脚架、摇臂、升降架及轨道车等）调试、使用和简单维护的方法，以确保拍摄工作正常顺利进行。

摄像师有必要积极参与后期编辑工作，最好能够亲手操作，这样对拍摄镜头要求的理解会有极大的帮助。特别是非线性编辑，又涉及电子计算机知识的熟悉程度和对各种编辑软件的熟练掌握。

总之，只有把摄像与相关艺术和科学技术完美地融合到一起，才能产生最佳效果。图 1-3-2

图 1-3-2

第四节 摄像师的素质

摄像师，这个称呼是一种约定俗成的说法，是基于摄影者所使用的器材——摄像机而得名的。其实准确地说，无论操作的是照相机、电影摄影机还是摄像机操作者都应当被称为"摄影师"才比较合适。

对摄像师的基本素质要求概括起来有两点：专业和敬业。

一 专业

摄像是一项融技术性和艺术性于一体的工作，专业性较强，对摄像师的操作技术、镜头表现和构思创作能力提出很高的要求。图1-4-1

1. 操作技术

首先，摄像师对器材的操作技术要非常娴熟。

这不难，而且是最低层次要求。俗话说"熟能生巧"，熟练操作的基础是熟悉器材。只要仔细阅读说明书，认真对照摄像机，逐个摸索操作部件并反复操练体验，操作就有望逐渐达到熟练的程度，直至驾轻就熟、游刃有余。

对摄像师来说，操作技术只不过是摄像最起码的一步：器材的使用方法，即"用法"问题。这是基础中的基础，属于"硬"性的，看得见、摸得着，好比小孩子学写字最初阶段的"握笔描红"。

2. 镜头表现

其次，镜头表现要十分精到。

镜头表现属于高一层次的要求。摄像师应当具有精品意识，所拍摄的镜头必须精细、周到并有相当的技巧。人们常说镜头要"到位"，不仅要"拍到"，而且要"恰当"。这就需要摄像师首先能理解作品的创作意图并据此通过画面表现出来，也就是所谓"用镜头说话"。

合格的摄像师要负责画面的效果，包括拍摄现场的布光、画面的构图及镜头的运用等，使之完全合乎作品的要求。必须全盘考虑拍摄内容、镜头组接、技巧运用乃至画面长度、影像节奏、配音效果等等。

实拍时要求摄像师头脑冷静、反应敏捷，能预见现场的发展变化并具备很强的应变能力，能当机立断即刻做出正确的决策，处置各种突发"事变"，以确保"拿下"重要镜头，否则场景稍纵即逝恐怕不可能再现。

摄像师应有驾驭语言的本领，最好还要有一点幽默感，能调动现场人员和拍摄对象的情绪以力求获得丰富多样、精美的画面素材。

说到底镜头表现是摄像的"技法"问题，属于"软性"的。"技法"看得见却摸不着，拿学字作对比，如同要求写得一手"端正漂亮的好字"。如果能多花点精力，多下点功夫，那么要想实现这个愿望，其实也并不太难。

3. 创作构思

最后，创作构思要相当巧妙。

创作构思是更高层次的要求。它涉及选择题材、安排内容、设计镜头、提炼主题、组织拍摄等等。重要的是这一切都贯穿着作者的创意理念，讲究的不仅仅是摄像技法的综合运用，还包括对各相关知识整体的把握和驾驭。

创作构思本来是属于编导的工作，似乎与摄像师关系不大。不过，一个真正优秀的摄像师应当至少是"半个编导"，事实上往往集摄、导、编于一身，有时候甚至还要干灯光、音乐、剪辑等活儿。摄像师不但必须熟悉文本，参与分镜头安排设计，根据导演阐述进行摄像创作构思，还应该掌握画面语言及其"语法规则"，了解"蒙太奇"原理和组接技巧的运用等，恰如要用镜头"写出一篇好文章"。

创作构思体现艺术创作的思维能力，属于"想法"，透着智慧的想法。这想法在各人脑子里，看不见又摸不着，是"无形"的东西，是动脑筋、用心思的结晶。摄像师还得有点儿艺术细胞和悟性，真是"功夫在诗外"！这样的境界可不是一

图 1-4-1

朝一夕便能成就的，只有靠长时期下苦功修炼，才可望"修成正果"。

二 敬业

相对于专业而言，摄像师敬业的素质要求也许更高。敬业涉及一个人的基本品质，是受教育、环境等因素影响，长期以来积淀、熏陶而逐渐形成的。

1. 工作热情

摄像师应当对自己所从事的工作充满热情，无比热爱。

许许多多摄像师不畏千辛万苦"玩命似的干"，大半乃是缘于对影像艺术的热爱。由热爱而刻苦钻研、探究技艺、锲而不舍，因热爱而吃苦耐劳、持之以恒、无怨无悔，甚至于以苦为乐、乐在其中、其乐无穷。"衣带渐宽终不悔，为伊消得人憔悴"，他们常常因拍到一个精彩的镜头而欢呼雀跃、由衷兴奋，也往往为丢失一个机会而扼腕痛惜、懊悔不已。

2. 负责精神

摄像师还必须具备高度负责的精神。

从根本上说，摄像师是社会精神文明的建设者，必须对国家和人民利益负责，以及对法律和社会道德负责，这是不容置疑的。

摄像师还应当对艺术负责，对他人负责。

优秀的摄像师简直视艺术为生命，在摄像创作中非常认真，十分严谨，一丝不苟，从不把它当作一般产品，更不用说商品，而是当成作品以至艺术品来精雕细刻。他们精益求精、竭力追求完美无缺，出一部作品真可谓呕心沥血、全身心投入。

摄像师还应对他人负责，在拍摄中理解拍摄对象的感情，保护他人的隐私，尊重其肖像权。有时需在拍摄角度、光影布置或镜头安排上作必要的调整和处理。切忌为了获取某些画面而采用诱导欺骗等不道德的方法，以达到哗众取宠的目的。

摄像师应当谦虚谨慎、热情真诚、平等待人、关怀他人，那种自以为是、居高临下而不可一世的做派，只能说明自己的肤浅。说到底，对他人负责的精神反映的是一个人为人处世的准则，是个人品质修养的体现。

3. 身体素质

摄像师还需要具有良好的身体素质，一个强健的身体乃是摄像师敬业以至从业的基础。图1-4-2

摄像又是一项脑力劳动和体力劳动紧密结合的工作。摄像师长时间地操作摄像机，器材本身的重量和拍摄角度的限制，又迫使他们必须付出较多的体力和精力。因此，摄像师还需要具有良好的身体素质，以保证拍摄工作顺利进行。

图1-4-2

思考与练习：

· 认识摄像在影像制作中的地位。
· 了解影视历史发展、影视制作类型。
· 摄像师应有的素质。

第 2 章 摄像原理

"工欲善其事，必先利其器。"有件得心应手的器材，也许是每位摄像师的夙愿。

摄像器材伴随着科学技术的发展进步而淘汰或更新，它经历了改良、完善、革新、革命的过程。特别是 20 世纪 90 年代数字技术运用于摄像领域，器材的变化最为显著，发展速度简直日新月异，技术进步突飞猛进。摄像器材的数字化革命以 DV 摄录机的问世为显著标志，DV 录像带作为"先驱"由家用级逐步应用到专业领域。

接着而来的是图像清晰度的变革，由高清化而带动存储介质的革新。录像带由于存在种种局限，逐渐由光盘、硬盘或储存卡取而代之，当年的"先驱"竟又成了变革的对象。如今，新出品的机型，家用级已经全面"消灭"了磁带，专业机型用 DV 磁带存储的也极为少见。

第一节 摄像设备

摄像机更新换代十分频繁，到如今各种类型、各种品牌、各种型号加在一起，也许早就成百上千，更何况近几年新产品与日俱增。摄像机的发展变化可概括为模拟机——数字机，这是一个质的飞跃。当下又从标清向高清过渡，不同的存储介质百花争艳，多种记录格式各显其能，正是五彩缤纷的时代。

我们不可能也不必要对某一类或某一种摄像机做出具体详尽的介绍，只能对其共性部分作大致的总体阐述。至于落实到某一款摄像机的性能乃至具体的操作方法，读者只需阅读该产品的说明书便可。

一 级别分类

摄像机按其功能用途及图像品质来看，大致可分为：广播级、专业级（旧称业务级）和业余级（也称家用级或消费级）三大类。

1. 广播级摄像机

广播级摄像机主要用于拍摄电视台播出的节目，以及图像质量要求较高的资料片。

广播级摄像机，顾名思义决定了这种摄像机对拍摄效果和图像质量的要求，它的性能技术指标最高。图 2-1-1

广播级摄像机功能齐全、设计精密、品质精良，体形较大、分量较重。这类摄像机一般少有便携式，外拍需用三脚架，难以长时间肩扛拍摄。演播摄影棚内的座机则体形更大更重，必须牢牢固定。图 2-1-2

现在有些座机可以在演播室遥控，无须现场操作。

2. 专业级摄像机

专业级摄像机，图像质量要求的标准稍次，多用于拍摄会务、展演或其他专题片等。

专业级摄像机中之最优者，人称"准广播级"，也能用作电视台播出节目的拍摄（根据不同电视台技术标准的要求而定）。专业级摄像机外形与广播级相仿，且有便携式小机型，深受某些经常有外拍任务的摄像师欢迎。

3. 业余级摄像机

业余级摄像机外形体积一般较小（早期产品也有某些大机型），携带十分方便。业余机多为爱好者拍摄家庭生活、记录孩子成长及休假旅游活动用，也可用于家庭庆典或婚礼录像。

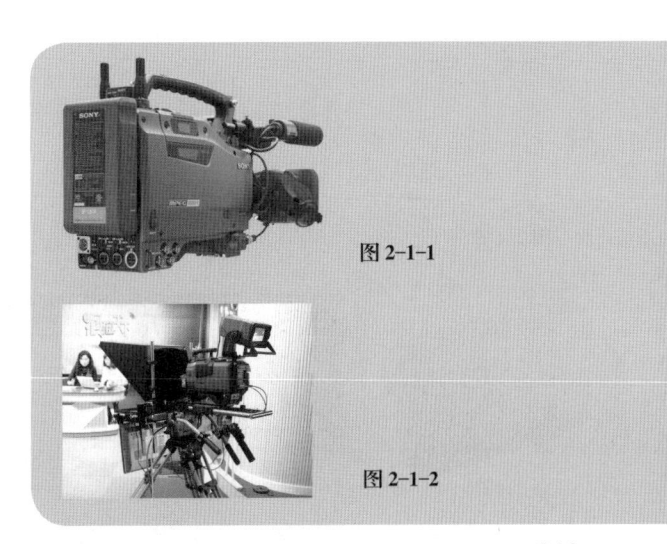

图 2-1-1

图 2-1-2

二　从模拟到数字

模拟系统摄像机目前基本上已遭淘汰，除用户原有的旧机以外，商店里已难觅其踪影，顾客选购新机也不可能考虑这些过时的产品。家用摄像机新品种几乎完全被 DV 数字系统所取代，而且已经基本实现高清化和无带化。就上海地区的摄像机市场来看，如今新机型使用磁带的已经较为少见。图 2-1-3、图 2-1-4

DV（Digital Video 数字视频）1995 年由日本索尼、松下等 56 家公司共同推荐，已被全世界公认。DV 格式分辨率为 720×576，消费级称迷你DV（Mini DV）。

DV 摄像机采用先进的数字技术，使用 Mini DV 录像带，图像质量大大提高。DV 摄像机品种繁多，新机型层出不穷。

数字化具有绝对的优势：

首先，模拟机摄录的图像质量较差，而数字信号清晰度大大提高，更能满足人们的欣赏需求。

况且，模拟信号素材在后期编辑过程中每"拷贝"一版就要造成约 20% 的损耗。复制三四版后，图像质量差到几乎无法正常观看。而数字信号从理论上来说它的复制是无损的，这就有利于制作出图像品质较高的节目。

此外，数字化便于同电脑联通作"非线性"编辑，运用数字处理技术还能够产生花样繁多的表现形式，从而增强了画面的艺术表现效果，使之更具吸引力和可看性。

信息化时代要求多种媒介的交互联通，数字化便于各终端信息无线互通，满足人们快节奏生活的需求。最近索尼和 JVC 新发布的运动型迷你摄像机能支持 Wifi 手机遥控，视频信号可以通过手机及时上传到网站与大众分享，信息传输更加快速便捷。图 2-1-5

图 2-1-3

图 2-1-4

三　制式

摄像机有"制式"的不同。

世界各国家、地区所采用的不同播映系统"制式"有 PAL、NTSC、SECAM 三大类。

1.PAL 制式（25 帧／秒）

欧洲以英国为代表，亚洲以中国为代表，全世界约有 50 个国家和地区采用 PAL 制式。

2.NTSC 制式（29.97 帧／秒，通常称 30 帧／秒）

美洲以美国为代表，亚洲以日本为代表，全世界将近 30 个国家和地区采用 NTSC 制式。

3.SECAM 制式（25 帧／秒）

欧洲以法国为代表，亚洲以蒙古为代表，全世界也有近 30 个国家和地

图 2-1-5

区采用 SECAM 制式。

此外，如今某些高清摄录机还设置了以 24FPS 的胶片帧频记录的功能。这种 24 帧逐行扫描画面与电影规格（24 格 / 秒）同步，能够极为方便地转换到电影胶片上，可实现用摄像机创作电影标准的视频节目。

四　格式

"格式"是数字化压缩编码的方式，不同摄像机有格式的差别。严格说来，格式是特指录像机而言的。如今的摄像机多为摄录一体机，既可摄又可录，按理应当称作"摄录机"才更为准确，所以它的"录像部分"是哪种格式，就称它为哪种格式摄像机。

某些不同格式可以在电脑中通过软件相互转换。图 2-1-6

常见的格式简介如下：

1.DV 格式

DV 格式家用摄像机是目前使用最广泛的家用机型。它的图像质量及音响效果几乎接近专业水平，与模拟家用机不可同日而语。一台高档次的 3CCD 家用机所摄录的镜头，中景以内的图像品质与专业机简直难以区分。这就让业余爱好者信心倍增，积极参与创作活动。DV 格式家用机品种最多，几乎难以准确统计。

DV 格式已经十分成熟，被公认为一种国际标准。DV 格式在世界上的拥有量最多，兼容性最好，有着最大的通用性。

DV 格式还延伸到专业领域，派生出两种专业格式：DVCPRO 和 DVCAM。这两种格式都与 DV 格式兼容。

2.DVCPRO 格式

DVCPRO 格式摄像机分为三种级别：DVCPRO25 为专业级或准广播级，DVCPRO50 为广播级，DVCPRO100 可归入高清晰度电视系统范畴。

DVCPRO 格式摄像机设计得比较轻巧，因其录像带体积小并有便携式编辑机，十分适用于新闻采访报道。

DVCPRO 格式与 DV 格式单向兼容。

3.DVCAM 格式

DVCAM 格式源于 DV 格式，比普通 DV 更有发展前途，属专业级，可用于拍摄质量要求较高的节目。

DVCAM 格式与 DV 格式双向兼容。

4.MICRO MV 格式

MICRO MV 格式是一种专业的数字录像格式。它采用了 MPEG-2 技术，录像带体积缩小许多，摄像机机型当然也相应做得更小。

但是 MICRO MV 格式在后期编辑中存在一点缺陷，它的画面不能精确到帧，难以满足精编的要求。

5.DVDCAM 格式光盘数字摄录机

DVDCAM 光盘摄录机采用光盘作记录载体，使用的是 8cm DVD-RAM 或 DVD-R 光盘，摄录的光盘可以直接在普通的家庭 DVD 光盘机上播放。

6.HDD 格式硬盘数字摄录机

HDD 格式数字摄录机与其他格式摄录机最大的不同点在于，它采用"无磁带工作方案"，内置一个硬盘，可以用来记录高画质的图像。

7. 数字 8mm 格式

数字 8mm 格式所采用的技术与 DV 格式几乎一样，具有相同的图像质量及音响效果，同时又兼容模拟时代的 V8 和 Hi8 录像带。但由于种种原因，它无法与 DV 格式竞争，基本上已被淘汰。

图 2-1-6

8. IMX 格式

IMX 格式摄像机多以高品质模式拍摄，图像质量较好且抗震性能也很好，有不少电视台使用，多用于拍摄图像质量要求较高的文艺、专题节目。图2-1-7

IMX 格式编辑机具有良好的兼容性，对 SONY 品牌的各种类型产品基本上都能接受。

9. DVW 格式

DVW 格式属于早期数字格式，长期沿用，经久不衰，已经十分成熟，具有相当好的稳定性。

DVW 格式摄像机原多用于高画质要求（如电视剧）的拍摄，后因高清摄录设备的出现并"抢占"了电视剧摄制，因而 DVW 格式摄像机也用来拍摄一般的电视节目。

10. BETACAM SX 格式

BETACAM SX 格式摄录机是在 BETACAM SP 模拟格式基础上发展起来的数字机，图像品质甚佳。最显著的特点是它的兼容性，可用于新闻采访，在技术上更为方便。它对 SP 模拟格式能完全接纳，并可直接转换为 SX 数字格式，避免了编辑制作中的信号损失。

由于世界各国及国内各地电视制作格式多样，节目交流活动曾以 SP 作为普遍通行的基本格式，因而 BETACAM SX 格式在电视作品发行交换方面具有相当大的优势。

11. XDCAM 格式

XDCAM 格式专业光盘摄录一体机，采用无磁带工作流程，适合于电视台新闻及专题节目制作。它具有编辑功能，与配套的便携式录像机一起使用，使移动编辑成为可能。它有良好的网络互通性，节目或素材可以快速传回电视台。

12. HDV 格式

2003 年日本多家公司联合发布消费级高清数码摄像机标准 HDV，俗称"小高清"或"高清 DV"，它的分辨率有两种：1440×1080/50i 和 1280×720/50p，它的出现为电视图像从标清到高清的平稳过渡搭建了一座桥梁。

图 2-1-7

HDV 格式系列产品可以进行 NTSC 制或 PAL 制的自由切换，一机可走遍全世界。HDV 格式既有广播专业产品，也有业余级民用品。

HDV 格式限于磁带记录，不便于新介质存储。

13. HDCAM 格式

HDCAM 格式属于数字高清摄录系统范畴，图像品质超群，多应用于清晰度要求极高的影视片的摄制。

14. AVCHD 格式

这是索尼与松下联合推出的新一代"无带化"民品高清数码摄像机标准。AVCHD 格式存储介质可以采用 DVD 光盘或 HDD 硬盘，并有多种分辨率可供选择。

· 上图：第一部电影《火车进站》。
· 下图：第 84 届奥斯卡金像奖"最佳摄影"等五项大奖获奖影片《雨果》。

- 上图：数码照相机多具备视频录制功能。
- 下图：学摄像热潮风起云涌。

图 2-1-8

AVCHD 格式编码效率更高，压缩比更大。

15．MXF 格式

MXF 是"文件交换格式"英文词头的缩写，是由 SMPTE（美国电影与电视工程师学会）组织定义的一种专业音视频媒体文件格式。它不但包含了音影数据，还包含了元数据，为节目后期制作提供了更大的方便。

……

新机型不断涌现，格式也不断创新。

五 无带化与高清化

"无带化"与"高清化"相辅相成，相互促进。

摄录机长期以来使用录像磁带作为记录载体，在数字化进程中有诸多不便，采集进入电脑至少需要花费与摄录相同的时间。于是各生产厂商在存储介质上动起了脑筋，新世纪初索尼与日立先后推出使用 DVD 光盘的摄录机，2004 年 JVC 又推出能同机使用硬盘和储存卡的 GZ-MC100 摄录机。

存储介质的革新，避免了因磁带运转机械传动而引发故障磁头磨损以及磁带本身"拉毛"霉变等麻烦。图 2-1-8

"无带化"又进一步掀起了"高清化"的热潮，近年来出现的"全高清"是指分辨率达到 1920×1080（包括 1080i 隔行扫描和 1080p 逐行扫描），这是 MPEG（国际活动图像专家组）制定的数字电视现行最高标准。

特别说明：一项新技术的运用需经过试验使用并接受市场和时间的考验，它往往由初级开始，CCD（"电荷耦合器件图像传感器"的英文缩写）技术就是首先在家用摄像机上使用，逐渐成熟之后才推广到专业领域，可见器材级别低未必技术不先进。而专业领域的某些技术，又在降低成本后移植到家用机身上，二者相互促进。

六 光学镜头概述

光学镜头是摄像机的最重要部件之一，是用以进行光学成像的镜头组。它由多片光学透镜、光圈和镜筒组成，与照相机镜头相同，只不过摄像机镜头上多了些控制按钮。

光学镜头的基本作用是：光线通过透镜把被摄物体成像于机内的电子光电靶面上，被摄物体的光学信号经过光电转换，成为可以传递的电子视频信号。

镜头的光学特性是指由其光学结构所形成的物理性能。任何一个光学镜头的主要光学特性可由三个参数表示：焦距、视场角和相对孔径与景深。

1．焦距

按照光学镜头焦距的长短不同，摄像机镜头可分为标准镜头、长焦距镜头和短焦距镜头（通常称广角镜头）。

（1）标准镜头

标准镜头焦距的长短与摄像管光电靶面上的成像面的对角线长度相等。专业摄像机光电靶面上的成像面一般为 20×15mm，其对角线长度为 25mm。因此标准镜头焦距通常为 25mm。

焦距长度大于像平面对角线的镜头，称为长焦距镜头。例如 75mm 镜头。

焦距长度小于像平面对角线的镜头，称为短焦距镜头或广角镜头。例如 10mm 镜头。

通过调节镜头内部镜头组，使焦距发生变化的镜头，称为变焦距镜头。

019

图 2-1-9　　　　　　　图 2-1-10

如果拍摄距离不变，镜头焦距越长，拍摄到的场景范围越小，景物在画面中所占面积越大；镜头焦距越短，拍摄到的场景范围越大，景物在画面中所占面积越小。

标准镜头拍摄的画面效果（拍摄范围、透视关系等）都最接近人眼观察习惯，画面表现得比较真切而自然。

（2）长焦距镜头

长焦距镜头又称望远镜镜头，适合于远距离拍摄，画面畸变小，也常用来拍摄人物特写。在实际运用中，摄影师通常用变焦距镜头中的长焦部分来拍摄。图 2-1-9

长焦距镜头景深范围小，能造成画面影像明显的虚实效果。有时要采用虚出、虚入法来作场景转换，长焦距镜头便可发挥其特长。

长焦距镜头能压缩现实纵向空间，使画面形象饱满紧凑。

长焦距镜头还能改变运动速度，调整观看节奏，加强横向运动物体的动感，减弱纵向运动物体的动感。

（3）广角镜头

广角镜头又称短焦距镜头，在实际运用中，通常用变焦距镜头中的短焦部分来拍摄。图 2-1-10

广角镜头视角宽广，拍摄范围大，有利于扩展空间，可在近距离表现较大场景。

广角镜头景深大，可使前景、后景都比较清晰，并且能夸张景物比例和画面透视感。

广角镜头有较明显的光学变形（尤其是边缘部分），因而可用做特殊效果的造型。

广角镜头在表现运动主体时，能加强主体纵向运动的动感，减弱横向运动的动感。因此，广角镜头可用来调整影像的节奏。

用广角镜头拍摄有利于画面平稳，又因其景深大，画面中诸多物体容易表现得比较清晰，况且影像色彩还原效果也较好。

2．视场角

视场角是镜头视场大小的参数，它决定能够清晰成像的空间范围。

镜头的视场角的大小约为成像面边缘与镜头光心点形成的夹角。

镜头视场角与焦距密切相关。视场角受成像面尺寸和焦距两个因素制约，在拍摄中，成像面尺寸是固定不变的，因而只能通过改变焦距来实现视场角大小的变化。

在拍摄距离相同的情况下，镜头焦距越长，视场角越小，镜头在焦平面上能够清晰成像的空间范围越小；反之，镜头焦距越短，视场角越大，镜头在焦平面上能够清晰成像的空间范围越大。

标准镜头的视场角约为 50 度左右。

长焦距镜头的视场角小于 40 度。

广角镜头的视场角大于 60 度，一般在 60～130 度之间。

130～230 度为超广角镜头。

超广角镜头由于夸大光学变形，能得到特殊的画面影像效果，是艺术造型手段之一。

鱼眼镜头属于超广角镜头的一种。

镜头焦距与视场角在实际拍摄中产生透视关系问题。

透视关系是指：摄像机使用不同焦距的镜头，因其视场角不同，会造成所拍摄的对象在画面中成像面积大小、背景范围和透视位置、比例关系

图 2-1-11

的变化。

3. 相对孔径与景深

（1）相对孔径

相对孔径是指镜头的入射光孔的直径与焦距之比。

相对孔径表明镜头接纳光线的多少，是决定摄像机的光电靶照度和分辨率的重要因素。

焦平面照度与镜头通光孔大小成正比，即与相对孔径的平方成正比。

（2）光圈系数

相对孔径的倒数被称为光圈系数。

光圈系数一般有 1.4、2、2.8、4、5.6、8、11、16、22 等。

在快门时间（速度）不变的情况下，光圈系数逐级变动，相邻两级之间的光通量为二倍变化。

如将光圈从 2 调到 1.4，镜头光通量增加了一倍；从 2.8 调到 4，光通量减少到原来的一半；从 16 调到 8，光通量变成原来的四倍，以此类推。

摄像机的快门速度，一般说来是很少去改变，因此摄像机通常借助调节光圈大小来完成准确曝光任务。

摄像师还可以通过调节滤光片来改变光通量，实现对光圈大小的主动控制。专业摄像机上通常都设置有 5600K+1/8ND（也称中灰片），使用灰片即因减少光通量而必须开大光圈以保证准确曝光，从而达到大光圈拍摄的效果。

以上镜头焦距、视场角、相对孔径、光圈系数之间密切相关，属于光学镜头知识的最基本点。在实际拍摄中，还必须掌握景深知识以及透视关系等等。

透视关系的改变，是由于镜头焦距不同、视场角变化而造成的。

（3）景深

景深是指拍摄景物在画面中呈现清晰影像的前后范围。

景深范围之外的影像是不清晰的虚像。景深范围受焦距、光圈和拍摄距离的直接影响。图 2-1-11

镜头焦距越长，光圈越大，拍摄距离越近，则景深范围越小；镜头焦距越短，光圈越小，拍摄距离越远，则景深范围越大。

七 关于 3D 技术

3D 电视机和 3D 摄像机是近年来出现的新事物。

3D 技术是一种新时尚、新风潮。说它"新"，其实早已有之，立体电影在国外五十多年之前就已出现。我国电影工作者在 1962 年拍摄了由陈强主演

图 2-1-12

图 2-1-13

图 2-1-14

的立体电影《魔术师的奇遇》，这部电影采用"光分法"技术，双机放映，观众戴上偏光眼镜就可感觉其立体效果。图 2-1-12

如今又把这种技术应用到电视上，于是 3D 电视机和 3D 摄像机等器材应运而生。

由于液晶显示面板的革新、LED 背光技术的运用，液晶 3D 高清电视机多采用"时分法"原理，观看时佩戴主动式液晶快门眼镜，眼镜左右镜片实际上是两片单色液晶屏，根据收到的信号以相同的频率交替打开和关闭，左右两眼每秒钟能分别看到 120 帧图像，在大脑中合成立体效果。

3D 技术的根本原理就是模仿人的眼睛观察事物，左右两只眼睛的瞳孔距离大约是 6.5cm，成像有视差。3D 摄像机有两个镜头同时记录，用 3D 编辑机剪接并必须在 3D 电视机上播放。图像在屏幕上形成重影，需戴上特殊的眼镜观看使重影合二为一，从而感觉到立体效果。图 2-1-13

目前 3D 技术尚属初级阶段，它涉及 3D 采、编、播和终端设备等整个系统工程，要想短时期在全国普遍推行显然不太切合实际。况且长时间戴着专用的眼镜看电视，恐怕观众眼睛也难以承受，这也成了普及的一个障碍。"裸视"的 3D 电视正在研发中，但效果不太理想。另一因素是 3D 影片的片源也成问题，因而有人试图把 2D 通过软件渲染转换为 3D，但愿成效显著。总之，目前 3D 技术有待进一步完善以臻成熟，我们密切关注其发展动态。

国际足联在南非世界杯某些场地，采用 SONY 3D 效果摄像机拍摄并实现了首次 3D 转播，观众在特定观赏环境（包括数字影院）可体验 3D 的感受。

2010 年 11 月广州亚运会上尝试采用 3D TV 技术，成为我国立体电视发展的重要里程碑。

八 摄像机与摄像技艺

摄像器材处于动态发展变化状态，尤其是数字技术不断有创新和淘汰，作为摄像基础的要求，我们对器材种类只需了解总体大概情况。任何一种摄像机的最根本的功能都是摄录画面，我们学习摄像真正应该掌握的是——摄像技艺。

摄像机级别的不同，主要在于图像品质的优劣，这是器材设备本身的"硬件"条件。无论是哪种级别摄像机，广播级也罢，家用级也罢，在镜头的表达和艺术创作方面的要求是一致的。

摄像器材与摄像技艺是两码事，摄像机不等于摄像师，能操作未必懂摄像，器材高档并不能决定摄像水平是否高超，二者不存在必然的因果关系。器材先进是生产商的能耐，与你何干？别以为扛个档次高的摄像机，便飘飘然似乎自己的摄录水平立马也就跟着"高档"了许多。正如有人说，一个孩子浑身上下全是名牌，能证明他念书必定出众吗？器材迅猛发展，自己技艺原地踏步，还沾沾自喜、自命不凡；有的人不去用心"琢磨"镜头，拍得不好却说是器材的原因，字写得歪歪扭扭偏怪笔不好，这就十分可笑啦！图 2-1-14

第二节 相关器材

一 录像带

录像带是记录影像信息的载体，是摄像机进行视音频元素写入并存储的介质。数字技术随着在影视领域的应用和发展，如今已向"无带化"迈进，出现使用光盘或硬盘乃至"新一代记录媒体"——储存卡。

这种新技术没有任何驱动装置，无须机械传动，因而维护成本较低，很有发展前景。储存卡可以直接被计算机识别，复制传输环节实现了非线性化，有利于后期编辑，可以说这才是真正意义上的数字化。有人预言，今后是闪存卡的天下。

图 2-2-1

为了系统性地说明摄像机的记录载体的演变，如今虽已逐渐"无带化"，仍保留对录像带作简要介绍：

录像带的开头应按惯例录制 1 分钟彩条并接 30 秒黑场，然后才拍摄正式画面，以确保后期编辑工作顺利进行。

录像带不宜多次抹录使用，两次拍摄的磁迹要"接通"，中间不要"断开"，防止出现空白部分，以免后期制作时给采集造成麻烦。

摄有图像的录像带是摄像师的宝贵资源，应当妥善保管。需保留图像的录像带应设定保险位置，以避免误抹。需长期保留的应编号归档以备查考，装入盒中竖直放置于阴凉干燥通风处。

二 电池

电源是保证摄像活动正常进行的动力之源。尤其在户外拍摄，没有交流电源时，电池就成了摄像活动的生命之源。拍摄时应随身多带几块电池，以备不时之需。

1. 电池的装卸

电池安装到摄像机卡座上，必须准确到位，通常会有自然而明晰的"咔嗒"声。

电池使用到报警信号出现，应更换电池。

卸电池的步骤一般要求是：先关闭摄像机总电源，寻像器"熄灯"，经确认后才可取卸。有的摄像机在摄录状态中假如突然取卸电池，会造成录像带移位而找不准编辑点，摄录的某些数据可能同时消失，从而产生不必要的麻烦。

2. 电池的充电

电池充电应及时，不可长时间空置。

有的电池具有"记忆性能"，没有用尽须先行放电而后充电以保证其功效，延长使用寿命。

新电池初始几次应当过量充电，以使其性能逐渐趋于稳定。

旧电池充电以充电适配器的指示灯信号为准，不宜过分延长充电时间。

3. 电池的使用

电池应编号，次第轮流使用。

拍摄完毕，应从摄像机上卸下电池并妥善存放于阴凉干爽处。

电池不可冲击碰撞，以防短路。

应急使用电池的方法：可将之前已用尽并卸下的电池重新装上使用，这样也许还可维持工作约几分钟，在所有电池都已用尽而尚需再拍几个镜头时，可试用此法。

三 辅助器材

摄像辅助器材主要包括外接话筒、照明灯、三脚架等。

1. 外接话筒

外接话筒主要用于新闻采访或人物访谈，同步录制现场声。必须选用与摄像机类型配套的外

图 2-2-1

接话筒。外接话筒规格很多，价格不等，其使用效果也各异。图2-2-2

外接话筒是本机话筒的延伸，为了保证语言音质效果，尽可能减弱杂音，应当使用外接话筒。

在拍摄过程中必须进行监听，确保声音正常，防止无声或因接触不良造成声音断断续续。

2. 照明灯

在光照条件较差时拍摄，应当使用照明灯以提高图像质量。

外出携带的照明灯，常见的有蓄电池摄像灯和使用交流电的新闻灯。照明灯的最基本功能是提高场景环境的照度，以保证所拍摄的画质良好。同时，灯光也是对被摄主体进行造型的一种手段。图2-2-3

3. 三脚架

三脚架用于固定摄像机，确保所摄画面稳定。

凡拍摄现场条件允许，应尽量使用三脚架。长焦距、微距拍摄更应当使用三脚架，以得到稳定的画面。

使用时应先校准三脚架的水平面，从而保证"摇摄"等运动镜头的拍摄效果。

三脚架要求牢靠，伸展时要检查各关节部位到位并锁定。摄像机安装到三脚架上，必须确保牢固并应认真检查确认无误，以防不测。

三脚架档次高低、品质优劣差距悬殊，有条件的尽可能使用高档次的优质品。高档三脚架的活动阻尼及操作手感自然舒适，便于得心应手地拍摄，尤其拍运动镜头可望得到平滑、流畅、和顺的画面。

图 2-2-2

图 2-2-3

第三节 画面像素

摄像画面是摄像机把镜头前的现实世界完全技术性地客观记录在磁带（或其他存储介质）上。摄像画面又是通过电视机屏幕这个特殊的媒介呈现出来的光、色和活动影像的结合体 图2-3-1。

一 像素的概念

电视屏幕呈现画面图像，画面具有其独特的物理特性，它显著地表现在图像的清晰度和色彩影调还原的保真度上。

电视画面的基本元素称为像素。像素是电视画面存在的物质基础，是构成画面的最小单位。

二 像素的表现形式

像素在电视屏幕上是等距离排列的，以红、绿、蓝三色为一组的光点或光栅，这些光点或光栅的明暗表现和色彩还原的组合形成了电视画面。

像素越多，屏幕画面显示越细腻。

三 我国的电视标准

我国通行的模拟电视清晰度技术标准为：电视屏幕有625行，每行800多个像素，整个屏幕共约52万个像素。

如今国际推行的高清数字电视技术标准为1920×1080，我国的标准也同国际接轨。

四 宽容度

1．宽容度的概念

宽容度，是指画面内部反映出来的最高亮度与最低亮度之间的比例关系。

自然景物的宽容度最大可达1∶10000；

正常人对影调宽容度的辨识能力可达1∶600；

电影胶片的宽容度一般为1∶128；

而电视画面宽容度在屏幕上表现出来仅为1∶32左右。

2．宽容度的特征

较小的宽容度使电视画面的色彩和影调效果夸张，使屏幕显现的视觉反差变大。色彩的大反差体现在色彩鲜艳度的再现上，影调的大反差体现在明暗层次的再现上。较小的宽容度使电视画面上相似的颜色和明暗被统合起来，形成了较大的色阶和影调的梯度。

图 2-3-1

第四节　发展方向

在整个电视系统设备更新换代的过程中，摄像器材的变化最为显著。

摄像器材今后的发展前景可以认为是技术高清化、功能多样化和设计人性化。

一　技术高清化

摄像器材由于采用数字化技术，图像质量得以根本改观，清晰度大大提高，由标清向高清发展，这是模拟图像无法企及的。

由于采用数字化技术，视音频信号在摄录、编辑、复制、传输过程中的损失降到最低。

由于采用数字化技术，影像画面不但可以记录在录像带上，也可以记录在光盘、硬盘或储存卡上。有的摄录机还设置有双重记录系统——录像带与硬盘二者同时记录，更加灵活多样且安全可靠。原版录像带用于存档备案，硬盘直接联通电脑编辑系统，可立即进行编辑。

由于采用数字化技术，视音频信号在摄录、编辑、复制、传输过程中的损失降到最低。数字化技术的成熟与完善，推进了数字高清摄录设备研发的步伐。图2-4-1

数字高清技术正在稳步发展并逐步提高，因此，我们有理由相信不久的将来可望看到色彩更鲜明、层次更丰富、影调更逼真、图像更清晰的影像画面。

二　功能多样化

随着数字化程度的扩大和深入，今后电视发展可以多功能化。数字电视能实现与多种信息源联通，大大提高了它们之间的兼容性和交互性。

电视信号通过与计算机联网、与通信卫星联通，做到更加快速地远程传送。

此外，数字化电视将深入家庭，与多种媒介设备一体化，实现人民生活的高水平、高质量。新型摄录机往往设计有多种数字化功能，可以产生较强的艺术感染力。

三　设计人性化

摄像器材本身除了品质越来越高、品种越来越多以外，在操作使用方面还将会设计得更加人性化。凡人们在拍摄实践中觉得需要的或希望具备的功能，都可能经创新设计而成为现实。需求就是发展的推动力，因而新型摄录器材将不时出现更合理、更实用、更为人性化的设计。

例如，光盘摄录机新产品就推出一种特别的功能——画面起点前置（也称图像缓存或预摄录）功能。具体地说，它可以对触按摄录钮瞬间之前一段时间的影像作追溯记录。时间的提前量有数秒至数分钟可供选择，由摄像师自行确定设置（一般多设定为10秒）。图2-4-2

图2-4-1

设计这项功能的创意理念在于：摄录机能够对镜头所"看到"的影像按时间先后顺序作出"代谢递补"处理，不停地动态更迭而始终保持一定长度的最新内容在磁盘的缓冲区预备储存，直至按下摄录钮时刻，被储存的"先前"影像连同正在出现的"当前"影像一并记录为画面。

有了这个功能，只要镜头对着目标，即使在动作情节发生之后才去按钮拍摄，也完全不用担心会由于动作晚了一步而未能拍到，这就可以避免错过关键场景丢失精彩画面。此项功能对于新闻摄影记者抓拍突发事件来说，几乎解除了后顾之忧。

由于人性化的设计理念，可以预见将来的数字摄像机会变得体积更小、重量更轻、便于携带，其功能更齐全、更具实用性，而且结构简约、操作简易。

相信家用摄录机价格还将会继续下调，普及率逐渐可能扩大到家家户户。

四 循序渐进

由于模拟电视图像质量较差以及在传输途中会引发多种弊端，因而"电视数字化"方向毋庸置疑。

其实，电视数字化人性化的发展前景之实现，绝非遥远的将来，其中有的目前已经能够做到，有的也已看见曙光而指日可待。如果单单就摄录机而言，这个目标几乎已经实现或近在咫尺。

但是，电视数字化并非仅仅摄录机的数字化。电视数字化是一个庞大的系统工程，牵涉面甚广，单靠良好的愿望是不够的，还须脚踏实地迈好每一步。

如今，电视在节目的拍摄制作方面，数字化已经相当普及，但是在电视传输和接受的环节，数字化程度还比较低，目前多为把制作完成的数字信号回转成模拟信号播出，尤其是接收终端数字电视机尚未完全普及，尽管有的地区数字化电视已经试播，然而，还仅仅是用模拟电视机加数字机顶盒作实验收看。高清频道通过机顶盒能看到的只不过是节目内容和略好些的画质，而不是真正意义的高清画面。

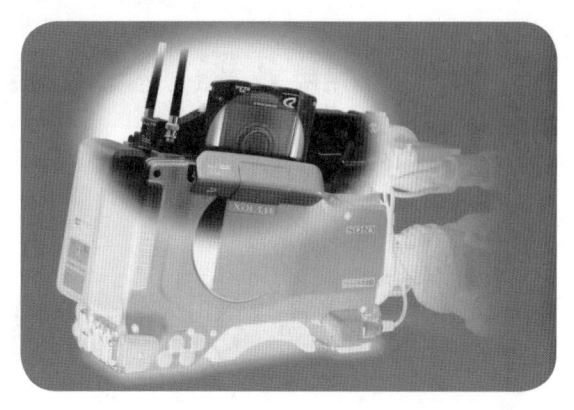

图 2-4-2

可见电视数字化高清化涉及整个系统的更新乃至数字电视机的普及，实属"牵一发而动全身"之举，工程浩大非同小可，几乎为脱胎换骨之变。就目前我国国情而言，无论从经济实力、生活水准还是从文化需求来看，均非"毕其功于一役"之谈，必须循序渐进逐步推广。因此，要在全国范围内实现全面彻底的电视数字化高清化，看来可能还有不短的一段路要走。

思考与练习：

- 了解摄像器材发展变化的几个主要阶段。
- 熟悉模拟与数字、标清与高清、录像带与"无带化"。
- 当前高清摄录设备的实际应用。

第3章 基本操作

摄像，作为"摄编存播显"的第一环节，它决定了影像"有没有"或"好不好"，是影像制作链条中必不可少的关键一环，因此，对摄像器材的操作自然也就成了最基本的要求。

第一节 持 机

持机的方式总体上可分为两种类型：固定机身方式和徒手持机方式。

一　固定机身方式

固定机身方式是指将摄像机机身固定在某种辅助器材上进行拍摄的方式。

最常见的固定机身方式是使用三脚架。轨道车、升降架、摇臂以及特殊减震装置 Standard 胸架（多称"斯坦尼康"）这种技术先进的高档器材，

图 3-1-1

也可归于固定机身方式。

根据现场拍摄条件将摄像机放置于桌、椅或其他固定器物上作适当调整进行拍摄，属于因地制宜、因陋就简的固定机身方式。图3-1-1

凡现场条件和时间允许，尽可能采用固定机身方式拍摄，使用三脚架应为优先考虑。

二　徒手持机方式

徒手持机是最多见的拍摄方式。

徒手持机方式在拍摄中有较大的灵活性，便于对现场情况变化作出快速反应。徒手持机取景角度更自由，家用机掌中宝小巧灵便，甚至可以反向"自拍"。图 3-1-2

图 3-1-2

有时为了达到某种特殊画面效果，或者在复杂环境下拍摄，不便使用三脚架，需采用徒手持机方式。

1. 持机要领

持机要领在于拍摄者身体各相关部位动作协调。

眼——右眼取景，左眼时闭时睁，不时观察全局，关注周围情况，把握动向，密切注意被摄主体的变化趋势。

手——右手持握摄像机，皮带宽紧要适度。食指与中指控制变焦，大拇指操作摄录钮。左手调整聚焦以及其他有关的功能钮。两臂肘部尽量贴近胸部以撑稳机身。

肩——两肩自然平稳，不要上耸。

腰——与手臂动作配合，特别是"摇"摄时应当靠腰部转动，"移"摄时腰部起缓冲作用。

腿——双腿分开站立，约与肩同宽，以站稳舒适为准。

身——上身保持平直，不要弯腰曲背，也不可刻意挺胸凸肚，确保身体稳定。

气——呼吸要自然、放松、平缓，不要强屏。

2. 持机姿势

总的来说，持机方式有扛式、托式、抱式、举式、拎式等，身体姿势采取立、跪、蹲、坐乃至趴、卧、躺等都可以，具体要看是否有需要和有必要。任何姿势其最终目的就两条：一是得到理想的拍摄角度，拿下最佳的镜头；二是力求摄像机稳定，实现较好的画面效果。图3-1-3

要确定持机姿势应根据拍摄要求和现场条件，还要考虑器材不同等情况灵活应用。

扛式——视点与常人相近，所摄画面有亲切感。镜头较稳定又灵活，受到摄像师们偏爱。立姿扛式是最常用的持机方式，几乎可以独成一法。

托式——便携式摄像机体积小，适合于用托式，但所摄画面不及肩扛式稳定，尤其是单臂前伸并打开液晶屏边看边拍，特别容易晃动。如果眼睛紧贴寻像器，稳定性可得以增加。

抱式——结合立、蹲、跪姿使用，能降低拍摄机位。向上转动寻像器角度取景，按摄像机上部摄录钮控制拍摄。

举式——可抬高机位，适用于前方有人群遮挡的情况拍摄，向下转动寻像器或显示屏角度取景。

拎式——可降低机位，"移跟"拍摄运动目标能起缓冲作用，减弱画面晃动。

蹲姿、跪姿可与立姿结合使用，熟练而连贯地操作，实现升降拍摄效果。

无论何种姿势，身体都应努力做到放松自然，避免别扭，以保证长时间拍摄。

应根据现场条件寻找依靠物，尽可能因地制宜借助依托，想方设法实现画面稳定。

3. 操作摄录钮

图 3-1-3

图 3-1-4

摄录钮是摄像机各种功能钮中最关键的操作钮，控制它以决定画面的拍摄。通常摄录钮都制成显眼的红色以示与众不同，也有人称它为"开关"。有的摄像机设置两个摄录钮，分别安排在不同位置，便于拍摄者不同持机方式时操作。

似乎谁都知道按下摄录钮就开始摄像，看上去好像很简单，其实不然。摄像机接通电源后，这时寻像器中虽然显现外界影像，但是并没有录制画面。早期的模拟机在按下摄录钮后一般约需2～3秒时间作起动准备，然后才真正处于"摄录"（REC）状态，寻像器中所显现的外界影像才被实际记录到录像带上。新型数字机起动极快，几乎即刻摄录。图 3-1-4

对准被摄目标，轻按摄录钮，开始记录画面。再按摄录钮，停录。

不要误以为按下为"开"，放手为"关"，实际上摄像机仍在继续摄录，造成人们常说的"扫地"现象。

"扫地"现象是摄像机朝向地面随摄录者走动而不规则地拍摄了地面。

在按下摄录钮后的启动时间内，这时如果紧接着再按一次摄录钮（停录），有的摄像机并不能执行这个指令，而是继续完成前一个（摄录）指令，但是摄像者却误以为已经停录，摄与停搞反了，因此造成"扫地"现象。

"扫地"现象多半是因在忙乱中误以为已经停录而造成，虽属"低级错误"却时有发生，也许谁都扫过地。"扫地"意味着此前的一个镜头没有拍到，而切断的一按成了"扫地"的起点。

因此操作摄录钮时应当注意寻像器内显示的指示信号、磁带时间码数字走动并逐渐养成习惯。

第二节 机 位

机位可以理解为摄像机的工作位置,确定了机位就是确定了视点。

视点的定位包括距离、方向和高度三个要素。

机位变动就意味着三者关系的改变,引起被摄物体透视关系的变化,形成不同的构图。

选择机位实际上是对所要拍摄的对象观察审视、安排布局,应根据内容和主题以及现场环境条件而合理确定。

一 拍摄距离

根据画面拍摄要求和现场具体情况确定机位,拍摄的距离或远或中或近。不同的拍摄距离影响到物体在画面上的成像大小不同,其最明显的效果是近大远小,构成不同景别。

凡现场环境和拍摄条件允许,选择近距离并用短焦距(广角)镜头拍摄,画面比较稳定且景深范围较大,清晰度也高。

二 拍摄方向

拍摄方向是指摄像机镜头与被摄主体在水平面上的相对位置。

以被摄主体为中心,水平面上选择机位,可产生正面、侧面、背面和斜侧面等拍摄方向。

1. 正面拍摄

正面拍摄,不言而喻就是摄像机在主体的正前方的拍摄,正面能较好地展示人物的形象特征。

正面拍摄有利于表现人物的脸部形象和表情动作,也有利于与观众交流,给人以亲切感。正面拍摄还有利于表现物体的正面特征,正面平视拍摄人物能显示庄重、稳定的气氛。伦敦奥运会开幕式影片火炬传递环节中有一个镜头令人难忘:残疾人假肢迈步,顽强地"踢"出一个沉稳的正步,庄重而坚实,场景震撼人心……这个镜头就是采用低机位、大特写、正面拍摄的。图 3-2-1

须注意正面拍摄空间透视感较差,缺乏立体感,画面可能略显呆板。

2. 侧面拍摄

侧面拍摄是指摄像机镜头轴线与主体朝向基本垂直方向的拍摄。

侧面拍摄具有表现被摄物体运动的优势,包括运动方向、运动状态和运行路径等,还能反映出主体的立体形态。侧面拍摄有利于表现人物的侧面姿态和优美的轮廓线条。侧面拍摄也适合表现人物之间的交流、冲突或对抗等。图 3-2-2

图 3-2-1

但侧面拍摄仅反映主体的侧面形象且缺乏与观众的交流,需同正面拍摄结合运用。

3. 背面拍摄

背面拍摄是指从被摄对象背后进行的拍摄。

背面拍摄将主体与背景融为一体,画面与主

图 3-2-2

体人物视向一致，具有"主观镜头"意味。背面拍摄中人物的面部表情退居次位，但其姿态动作则可以反映出心理活动，从而成为主要的画面形象语言。图 3-2-3

由于看不见人物的面部形象，表情具有不确定性，因此背面拍摄往往给人以思考、想象。

4. 斜侧面拍摄

斜侧面拍摄是指摄像机与主体成一定角度的拍摄方法，包括前侧与后侧。

斜侧面拍摄，画面具有较强的立体感和纵深感，适合于表现人物或物体的立体形态。由于斜侧面方向拍摄造成主体的横线条倾斜，产生明显的透视效果，画面生动活泼。斜侧面拍摄还有利于安排主体、陪体，区分主次关系。

图 3-2-3

三 拍摄高度

拍摄高度就是确定机位的高、中、低，不同的高度可产生平视、仰视、俯视等不同角度的构图变化，其画面视觉效果具有不同的表达功能。

拍摄高度确定了摄像机镜头轴线与被摄体水平线在垂直方向形成的一定角度，这个角度受拍摄距离影响，同样高度在不同距离所形成的仰、俯角度不同，透视关系改变，背景发生变化。图 3-2-4

图 3-2-4

1. 平视拍摄

平视拍摄，摄像机与被摄对象处于同一水平线，符合人们正常的观察习惯，所摄主体不易变形，画面平稳。平视拍摄画面结构稳定，拍摄人物显得真切亲近，表现出平静的情绪，具有一定程度的交流感。

平视拍摄画面显得客观公正，是纪实类节目常用的拍摄方法。用长焦距镜头平摄可以压缩纵向空间，使画面形象饱满。

但是，千篇一律全部采用平视拍摄，画面显得比较平淡，况且前后重叠并有堵塞感，可能会令人觉得乏味。

2. 仰视拍摄

仰视拍摄是摄像机在低处拍摄高处景物的拍摄方法。

仰摄画面中地平线较低甚至置于画外，常以天空或某单一物体作背景，具有净化背景、突出主体的作用。

仰视拍摄主体人物的跳跃动作，能形成特别夸张的腾空飞跃的感觉。

用广角镜头仰视拍摄，夸大前景压低背景，透视关系特别明显。用以拍摄人物运动，则夸大纵向运动的幅度，从而产生了加快速度的感觉。

仰视拍摄，主体向上延伸显得高大而挺拔，强调其高度和气势，可以表现崇敬、景仰、自豪、骄傲等感情色彩。但是必须注意切莫出现人为摆布痕迹，若过于做作以致成为某种模式会招致反感，其效果则适得其反。

仰视拍摄能使人物轩昂雄伟，但应注意可能因此而使人物严重变形或物体倾斜失重，造成不稳定的感觉。

3. 俯视拍摄

俯视拍摄是指摄像机位置高于被摄主体，从高处向低处拍摄的方法。

俯视拍摄机位较高，地平线安排在画面上方或排斥于画框之外，有利于展示场景内的景物层次或表现环境规模，常被用来反映整体气氛和宏大场面。图3-2-5

俯摄画面使原本在平摄时重叠的人或物体在地平面上铺展开来，可以清楚地看出他们相互之间的空间位置关系，也可以表现主体的运动轨迹，有时还能反映某种冲突或力量对比。但由于看不出主体的面部表情，不利于表现细致的情感交流（可应用于拍摄需要隐去人物面部形象的镜头）。

俯视拍摄视野开阔、一目了然，画面构图有可能获得布局优美的图案，但也许会出现景物繁杂琐碎、稀疏松散的状况。

俯视拍摄的画面中人物一般显得比较猥琐或

图3-2-5

渺小，往往带有贬低、轻蔑、藐视等情绪意味，可能会因此而丑化人物形象，运用时应当注意。

4. 顶摄

顶摄是俯视拍摄的极端状态，是一种摄像机在被摄主体的上方几乎垂直的位置拍摄的方法。还有一种"反顶摄"与此正相反，是垂直向上拍，这是不常用的特殊视角。伦敦奥运会点火仪式中，当200个铜花瓣聚合组成总火炬时有一个镜头就采用垂直向上拍，画面十分壮观。

假如以此视角拍摄垂直下落的物体，那种突如其来从天而降的视觉冲击力一定是非同寻常的……图3-2-6

顶摄画面强调被摄对象之间的相互位置关系，呈现主体的运动轨迹。顶摄画面突出表现构图的形式，展示图案的美感。

摄像师必须根据拍摄内容和主体的特征等具体情况，选择合适的拍摄高度和方向，尽可能采用多种角度来表现，使镜头形式活泼多样。

在实际运用时，往往把拍摄方向和拍摄高度合并起来称为拍摄角度。换句话说，拍摄角度包括方向和高度，确定了拍摄的角度和距离就确定

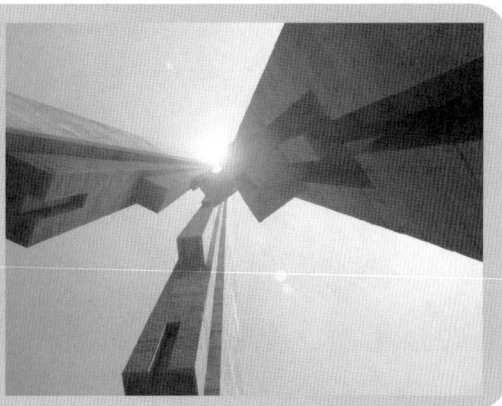

图3-2-6

了拍摄机位,也就是确定了摄像机的视点。

四 轴线

影视镜头在拍摄的机位安排调度中存在一个"轴线"问题,必须予以重视。

轴线,是指由于被摄人物或物体的朝向、运动和被摄体之间的交流关系所形成的一条虚拟直线。

1. 轴线分类

轴线分为关系轴线和运动轴线。

关系轴线,是指人物之间的相互位置所形成的交流关系的一条虚拟线。图 3-2-7

运动轴线,是指人物或物体运动方向所形成的一条虚拟线。图 3-2-8

在表现人物之间的相互位置交流关系或被摄人物的运动时,为保证被摄对象在画面空间中合理的位置关系和统一的运动方向,进行镜头调度时必须遵守"轴线原则"。

2. 轴线原则

轴线原则要求摄像机镜头应该在轴线的一侧区域内设置机位或安排运动。符合轴线原则的画面,被摄主体的位置关系和运动方向始终是确定的,

图 3-2-7

图 3-2-8

- 机位三要素：距离、方向和高度。
- 确定机位就确定了视点，具体形成远中近、正侧背和平仰俯……

- 手动聚焦调节景物虚实位置，以突出叙述重点。

其变化是合乎视觉逻辑的。

前后相邻的两个镜头，不能跨越180度到物体（或人物）的另一个侧面拍摄，否则就会造成被摄体突然左右换位或反向运动等"越轴"现象。

3. 轴线运用

轴线原则在实际运用中对表现画面内容、叙述故事情节、观赏视觉效果以及创造心理节奏等方面，都具有重要的影响。

遵守轴线规则的画面，内容表现得合理且具有逻辑性；在叙述故事情节方面具有连贯性；观众视觉流畅，观看心理具有稳定性；画面节奏平稳和顺。

图 3-2-9

图 3-2-10

图 3-2-11

第 83 届奥斯卡最佳剪辑奖得主《社交网络》中有一组划艇比赛的镜头，从运动轴线两边拍摄，采用许多中性镜头、大特写镜头来间隔，组接流畅自然，比赛紧张激烈，画面一气呵成。图 3-2-12

因创作的特殊需要，为表现某种艺术效果而故意造成"越轴"的，另当别论。

利用轴线原则可以创造视觉节奏，有不少影片就采用"反轴线"镜头组接，营造紧张惊险的气氛。

图 3-2-12

第三节 取 景

取景是指摄像师在现实场景中截取最理想的部分，使之成为影像画面的过程。通过取景，确定场景中需要表现的部分视觉元素，舍弃另一些视觉元素来构成画面。

其实确定机位的过程就是一个总体上的取景活动，也就是说确定机位时摄像师脑子里应当已经考虑到让人看什么、以怎样的画面让人看等问题。

取景涉及镜头的合理性、画面的规范性和整体效果的美观性。

一 取景原则

根据作品主题及创作要求，对现实场景进行取舍是十分复杂的思维过程。总的说来，摄像师取景必须突出主体形象，表现完整的空间，以确保观众顺利地接受画面信息。摄像师还应利用摄像机的各种设备功能，采用巧妙的拍摄手段完成技术上合格、艺术上到位又具备充足信息量的画面。

1．观众应知道的内容

摄像师在确定拍摄对象时，首先应根据主题的要求来选择。摄像师必须明白画面主题传达信息的最终目的，并且以此安排拍摄内容，即"引导观众视线"。摄像师应当十分清楚自己的拍摄任务，希望传达什么信息，让观众得到应知道的内容，选择最能体现主题特征的主要景物来拍摄。

2．观众想知道的内容

摄像师在选择取景对象时应当了解观众的兴趣在哪里，怎样表现才能够使观众得到他们希望知道的信息。

观众在接收信息时占据主动地位，摄像师在传达信息时，不仅要传达到，而且必须要传达好，能吸引观众并满足他们的欣赏要求。

优秀的摄像师总能牢牢把握住观众的观看心理，在最适当的时刻恰到好处地安排最合适的镜头，完全符合观众的观看愿望。

二 景别

1．景别的定义

景别，是指被摄主体和画面形象在屏幕框架结构中所呈现出的大小和范围。

由于镜头景别的变化使画面形象在屏幕上产生面积大小的变化，从而为观众提供了接近主体或远离主体观看的心理依据。

摄像师处理景别还应给人以美感，就是人们常说的"格准画面"，以满足观众的审美情趣。

2．景别划分

景别（由大到小）大致上可分为远景（大全景）、全景、中景、近景、特写等。不同景别的画面所显示的人物大小及拍摄范围各异。景别大，拍摄范围大，画面中主体人物面积小；景别小，拍摄范围小，主体人物面积大。图3-3-1

图3-3-1

图 3-3-2

远景——远景又称大全景，展示开阔场面，表现空间规模或气势。因其画面容量大，人在画面中所占面积极小，远景常以大自然为表现对象。

全景——展现一个完整的场景，表现一定范围的环境气氛。其中能完整表现人物全身和形体动作及部分环境的景别，也可称为"人全景"。

中景——以人为例，表现人的膝盖以上的动作和大致的形态或场景的局部，是应用最多的景别。中景常用来表现人物谈话和情绪交流。

近景——显示人物胸部以上的画面，表现面部表情神态，用来刻画人物性格或者用以反映物体的局部面貌。

特写——突出表现人物肩部以上的部分，能清楚地看到神情的变化。特写是将局部放大，具有很强的视觉吸引力。

还有更小的景别称"大特写"，用来重点表现人物的细节（如眼神特征），具有浓郁的感情色彩。图 3-3-2

景别以主体为标准来划分，一般以人的身体为标准；如果拍摄主体是物，则以物为准。

景别划分没有绝对严密的界线，要根据具体情况灵活掌握。相同的景别，人物大小及拍摄范围也可以略有差异。例如人物访谈节目中，被访者与主持人都是近景，但二者就应当有所差别，一般应让被访者的画面形象稍大于主持人。

三　景别的作用

摄像师通过调整景别，可以对景物删留取舍、组织并结构画面，制约观众视线，引导注意力，规范画面内部空间、暗示画面外部空间。

景别是决定观众的观看内容、观看方式以及对画面内容的表现样式有效的造型手段。

不同景别产生不同的视觉距离。

景别用来表现不同的主次关系，强调突出主体。

景别对观众视线产生不同的约束和限制作用，有很强的规范和指向功能。

景别影响视觉节奏的变化，形成作品的整体风格。

不同的景别承担着各自不同的表现功能，为便于掌握要点，有人把它归纳为：

远景——重气势；
全景——重气氛；
中景——重形态；
近景——重表情；
特写——重神情。

四　景别的运用

拍摄距离的变化可以引起画面景别的变化，焦距不变，距离不同，得到不同景别。图 3-3-3

拍摄距离不变而改变摄像机的焦距，也可以得到不同景别。图 3-3-4

同一机位改变焦距得到不同景别。图 3-3-5

不同的拍摄距离，通过改变焦距可以得到相同的景别。但是二者的透视关系不一样，背景范围和景深大小都发生变化。

景别运用要根据创作要求按内容表达的需要而定，应当选取最具代表性、最有表现力的景别，用来传达画面信息。

中国传统国画特别讲究"远取其势、中取其形、近取其神"的道理，这个道理可以作为摄像景别运用原则的借鉴。

图 3-3-3

图 3-3-4

图 3-3-5

第四节 聚 焦

聚焦（FOCUS）景物光通过透镜结像的调整过程，俗称对焦、校实或调清楚。通过调节镜头上的调焦环，使被摄物体的影像落在焦平面上形成清晰的画面，最清晰时为聚焦准确，也叫聚实焦点。

高清摄录机对聚焦要求特别严格，稍有偏差就会影响画面效果，应当格外留意。

一 聚焦方式

1. 自动聚焦（AF）

自动聚焦方式是摄像机在寻像器取景范围内自动选择一个比较合适的焦点。

档次低的摄像机只有自动聚焦，而档次稍高的摄像机不但有自动还有手动，高档的摄像机往往只有手动而无自动聚焦。

自动聚焦功能会给你带来方便，有时也会造成麻烦。画面中所拍摄的主体人物焦点本来已被"自动聚实"，假如这时镜头里有新的被摄元素（人或物）介入，它又会重新"自动"对介入者聚焦，造成焦点偏离当前的主体人物，清晰度出现飘忽闪烁变化。

自动聚焦所选择的合适的焦点比较粗略，并不十分精确，所以难以精准聚实你所期望的某个具体部位，这是自动聚焦的致命弱点。凡是要求较高的作品，必须采用手动聚焦方式拍摄以实现创作的意图。

2. 手动聚焦（MF）

手动聚焦方式是由摄像者手动操作聚实焦点的方法，专业摄像师必须掌握手动聚焦操作技能。

手动聚焦的最大优点是可随拍摄者的意愿确定焦点，而且比较准确。

手动聚焦的缺点是要费事一些，初学摄像的朋友操作不够熟练，既要考虑取景构图又要忙于聚焦，可能手忙脚乱难以兼顾。图3-4-1

二 聚焦操作

1. 聚焦的操作步骤：镜头焦距推到长焦位置，对被摄主体聚焦，镜头焦距拉到拍摄所需要的合适景别的位置，开始拍摄目标。

2. 拍摄推镜头时，应先以落幅位置对被摄物体聚焦，然后拉开到起幅位置，开始拍摄。

3. 拍摄运动物体，尤其是纵向运动物体，应随物体位置的变化采用焦点跟踪技法，即一边拍摄一边调整焦点。

对可以预见的运动目标，可采用预设焦点的方法拍摄。

4. 采用手动聚焦拍摄景物焦点，虚实转换画面。

采用手动聚焦拍摄"由虚转实"的具体操作步骤：对景物取景，格准画面；虚化焦点，使原先的景物影像变得模糊，画面上出现柔和、淡雅、虚幻的斑斓色块，景物中的明亮斑点形成圆形或正六边形的彩色光斑；按摄录钮开始拍摄，记录画面。

5. 拍摄焦点"由实转虚"的镜头，可参照上述操作步骤逆向进行。

三 聚焦运用

1. 运用手动聚焦，景物焦点由虚转实的形式富有抒情色彩。

2. 一般来说摄像画面主体焦点应当聚实，但是有时故意把主体虚化，也是一种巧妙的表现手法。北京奥运会组委会曾特邀国际导演来北京拍宣传片，其中法国导演拍的《北京印象》中就有大量虚化的画面，与众不同，别开生面。图3-4-2

3. 运用手动聚焦进行景物虚实转化是无技巧编辑的一种方法。画面"由实转虚"接"由虚转实"，表现场景转换，其效果新颖别致，妙趣横生。

图 3-4-1

图 3-4-2

图 3-4-3

4. 运用手动聚焦，调节景物虚实位置，变换焦点以突出叙述重点。

变换焦点的拍摄方法，其要点在于：二者必须有足够的纵深距离，并用长焦距镜头大光圈拍摄，以确保景物能够被虚化。图 3-4-3

如今某些新型摄录机设计了"焦点转换预设"功能，即将原本需要通过手动操作的转换焦点工作交由摄录机自动完成，以确保获得完全符合你预想的画面效果。如：转换起始状态（A），结束状态（B），启动定时及转换持续时间长度等均可预先设定储存，这样就把繁复的手动调节操作交由摄录机自动执行，况且所摄录的画面效果平滑、流畅、精准。

思考与练习：

· 掌握多种持机方式。
· 体会各种景别切分。
· 反复练习手动聚焦。

第4章 画面构图

画面构图就其基本理念而言，摄像与摄影、美术是相通的。

画面构图是为表现某一特定内容和视觉效果的美感，将被摄对象及相关造型元素有机地组织安排在画面中，形成一定形式的创作活动；是使主题思想和创作意图得以形象化和可视化的过程，是艺术创作的重要手段。

画面构图是一种思维过程和组织技巧，从无序的现实世界中找到秩序，把散乱的点、线、面和光、影、色等视觉元素组织成可以理解的、悦目的画面并传达作者的情感。

构图往往代表摄像师的审美水平、艺术修养和创作风格。

第一节 基本要领

画面构图是镜头语言表达的基础，是反映影像内容的重要形式。

画面构图以平面的屏幕创造立体的空间，通过有限的画幅表现无限的空间。

一 总体要求

1. 构图是创作意图外显的过程，应以明确的形式传达出主题思想。
2. 构图与景别关系紧密。景别侧重于主体人物，表现其大小、切分部位和背景等；构图乃是指整个画面内部结构的位置布局。景别要通过构图来表现。
3. 主体形象突出与否，是衡量画面构图的主要标准之一。
4. 构图应当体现出鲜明的风格，美妙和谐的构图画面能给人带来美的享受。
5. 摄像构图应当简练明快，忌讳繁杂琐碎。
6. 构图画面是对现实空间的省略与暗示，画外空间则需借助观众的想象和联想去进行补充与诠释。

二 具体要领

1. "平"是画面构图的基本要求之一。图4-1-1

画面构图要求横平竖直，建筑物的主体轴线要垂直于画框横边，地平线（水平线）应平行于画框的横边而且一般不能居中，要根据天气情况决定偏上或偏下。图4-1-2

2. 画面构图还要求"美"。

尤其是拍摄人物，构图应注意画面须具有美感。各种景别安排均要考虑到主体人物的完美，通常称为把画面格准。

3. 画面构图要适当留出空白，以保证"透气"。

摄像构图要让画面气氛贯通流畅，既不许拥挤闭塞、密不透风，又忌讳空空荡荡、浪费画面。

图 4-1-1

图 4-1-2

摄像构图的画面留白包括：天头留白、运动留白和关系留白。

4. 画面构图要考虑观众的视觉中心。

构图布局，主体应安排在画面接近中间的部位，但又不能完全在正中心，要看人物的视向或运动方向。一般地说，视向或运动方向一边应略大于另一边，不要造成人物面壁。全景人物要避免"顶天立地"并注意形象完整，最糟糕的是切分在脚踝，斩掉人物双脚。图 4-1-3

5. 画面构图要注意均衡。

摄像构图还应注意画面完整、紧凑、稳定、和谐，在布局上防止重心下垂或左右失衡。

6. 利用构图产生视觉想象空间，实现心理感受的均衡。

构图没有也不应当有死板的一成不变的固定模式，应根据拍摄现场具体情况随机应变，利用一切视觉元素构图，匠心独运而不落俗套。例如，利用虚影景物或色块以及人物投影等均衡画面。图 4-1-4

画面构图是把所拍摄的对象（人、物、景）按一定的规律安排在画面之中，形成最佳的布局方法。

摄像画面构图与摄影美术构图相通，可以相互借鉴。但与之不同之处突出表现在：摄像构图必须一次性完成，一般不留待后期重新裁割画面创造新的构图。因此摄像师应当牢牢掌握构图方法，在拍摄的第一时间构思完成，得到理想的构图画面。

图 4-1-3

图 4-1-4

045

第二节 构图方法

主体与陪体

1. 主体

主体是画面中所要表现的主要对象，是画面存在的基本条件。主体在画面中起主导作用，通常是整个画面的焦点所在。

主体是画面的内容中心，又是构图的表现中心。主体安排得当，画面才有灵魂，事件才有依托。图4-2-1

一幅画面中可以只有主体，没有其他的结构内容，但是绝不能没有主体。

主体既是内容表达的重点，又是画面结构的趣味点。摄像师首先要确立主体，通过构图处理好主体与陪体、主体与背景以及其他结构内容之间的相互关系。

主体的作用有：

主体在内容上承担着推动事件发展、表达主题思想的任务，具有绝对重要的地位；

主体在构图形式上起到主导作用，主体是视觉的焦点，是画面的灵魂。

摄像师应当根据拍摄对象和表现内容，采用一切造型手段和艺术技巧突出主体，给人以深刻的视觉印象和完满的审美感受。同时还要做到在主题思想上立意鲜明，在构图形式上主次分明。

2. 陪体

陪体是和主体密切相关并构成一定情节联系的画面构成部分。

陪体在画面中与主体形成某种特定关系，有时也帮助主体表现主题思想。

陪体可以是完整的形象，也可以是局部的形象。

陪体是画面的有机组成部分，确立主体也需安排适当的陪体。图4-2-2

陪体的作用有：陪体可以渲染、衬托主体形象，帮助主体表明画面内涵；陪体丰富了画面内容，起到均衡和美化画面的作用。

主体应突出，摄像师应将主体安排在画面视觉中心位置；陪体则处于次要位置，以陪衬、烘托、解释或说明主体。在构图处理时，陪体不可喧宾夺主，无论是色彩或影调都不应过分引人注目，避免压倒主体而本末倒置。

主体人物通常应当拍摄完整并朝向摄像机的镜头；陪体人物可侧面表现，有时陪体还可以虚化。

二 前景与背景

1. 前景

前景是指画面中位于主体之前以至靠近摄像机镜头的景物或人物，表现一定的空间关系或人物关系。

前景可能是陪体，但一般说来，前景往往是整个环境的组成部分。

前景具有以下作用：前景能突出富有意义的人物或景物，作为陪体，它可以介绍人物身份，能帮助主体表现作品内容，推动情节发展；前景可以强化画面的空间感和纵深感，增加视觉深度；作为环境的一部分，前景能丰富画面内容，增添层次感，突出季节特征和地方色彩，并可以均衡画面构图，

图4-2-1

图4-2-2

图 4-2-3

从而产生形式美感；在运动镜头中，前景的运动和变化可活跃气氛，强化节奏感和韵律感。

摄像师应学会安排好画面中的前景、中景和背景物体。前景的选择和处理以陪衬、烘托主体为前提，不可分割、破坏画面而影响主体的表现。

前景的视觉表现应当弱于主体，避免主次不分。

前景通常应具有明显的形状，让人一目了然，免得费神去猜测。

前景讲究形式美，用以美化画面、烘托主体、表达主题。通常情况下前景应安排在画框附近，有装饰性美感。例如：画面上方的垂柳或下方的花丛，或者一侧伸展的树枝等。图 4-2-3

根据内容表现的需要，可以人为地制造前景。

前景可以作虚化处理。

2. 背景

背景位于主体之后，远离摄像机的景物也是环境的重要组成部分，同样具有相当重要的作用：

背景主要发挥环境表现的优势，丰富画面空间内容，反映地方、环境、季节、时间等特征，来烘托主体并共同揭示画面内涵；

背景用以介绍人物事件所处的时空环境特点，表现气氛、情绪或情调；

背景增加画面的景物层次，拓展纵深空间，形成一定深度的透视关系；

背景通过色彩、影调等视觉元素均衡构图，美化画面，形成图案式的美感。

摄像师在考虑安排背景时应注意主体与背景的明暗、深浅、动静以及虚实关系。

背景一般要求简洁素净（单纯化），通常选择浅色或深色的单一色调。背景与主体形成对比，突出衬托主体，强化主体的视觉表现力。

背景应具有基本的统一性和明显的倾向性，体现稳定而连贯的场景环境，有利于故事情节发展的连续性。

背景应当尽可能简洁，不能杂乱无章，在布局上要删繁就简做"减法"。

拍摄时应注意选择合适的机位，排除、避让或以主体遮挡所不需要的景物，使画框内的背景内容尽可能简单而有用。

视觉表现上背景也不能超过主体，要杜绝背景"抢戏"。

有时背景中有杂乱景物但又难以避开，为了突出表现主体，背景常被虚化，形成模糊不清的色块。图 4-2-4

047

图 4-2-4

三 疏密与平衡

中国传统的国画构图布局方式,特别讲究疏密有致,摄像构图应当以此为借鉴,学习其精髓。密处形态各异,疏处独特生动,既不可拥塞繁杂,又不能松散零乱。

构图应当布局匀称,画面要求平衡,防止重心偏移产生不稳定感。

构图讲究内在的对比,十分注重画面中各种构图元素形成对比或呼应。如:形状(大小、高矮、方圆),线条(曲直、粗细、长短),空间(上下、左右、远近),质感(光洁粗糙、柔软坚硬),实景与投影等等。

四 局部与整体

画面构图有时直接表现整体全貌,有时也可以出奇制胜,以局部来反映整体面貌,让人产生联想,也许反而以少胜多。

要掌握上述构图方法,必须通过拍摄检验来作比较并用心体会揣摩,还应当多看美术、摄影艺术作品,留意其构图技巧,博采众长,学习借鉴相关艺术的创作方法。

第三节 构图形式

自然景物千姿百态、变化无穷，形成各种点、线、面的集合样式。我们把它按构图的法则排列组合在一起，可以产生不同的构图形式。

摄像构图的特点是横画面，并局限在长方形画框之内。模拟和标清摄像机画框的宽高比例为4∶3，一般不能随心所欲地改变。因此摄像师在组织处理构图时，必须考虑这个因素。

新型的数字高清摄录机宽高比例设计为16∶9。宽屏画幅较为接近人眼观察的视野范围，视觉效果也就更具现场感，是世界各国普遍认同的一个国际标准。16∶9画幅应当是今后摄录机发展的总趋势。

常见构图形式简介。
井字形构图
在视觉艺术中，"黄金分割"为绝对的构图原则。

拍摄时，在心中把所拍摄的画面横竖大约分成三等份，形成"井"字，主体（趣味点）安排在井字的交叉点附近。这样的构图比较匀称，符合人们的审美习惯，视觉效果较好。图4-3-1
三角形构图
画面中排列的三个点或被摄主体的外形轮廓形成三角形，这是最常见的构图。三角形构图给人以稳定感。

也有倒三角形构图，若能巧妙运用，则别具独特个性。
S形构图
这是一种十分优美的构图形式，它具有柔和舒展的流动感。唐诗中有"曲径通幽处"的句子，优雅的S形曲线有舒心怡人的作用，并且能够引发人们的思绪。
框架式构图
透过门窗、洞口拍摄景物，形成一个特定造型的框架，既增添了景物空间深度，又装饰了画面。

这种构图方法如果用得合理巧妙，还能形成大景套小景的效果，十分别致有趣。

图 4-3-1

其他形式构图

还有其他多种形式的构图,例如:对称构图、对角线构图、L 形构图、C 形构图、O 形构图等等,均可酌情采用。图 4-3-2

图 4-3-2

第四节 透视关系

电视是以二维空间的形式表现三维空间的视觉艺术类型。

现实空间是立体的，摄像画面是平面的，它只有上下左右而无前后。摄像利用人眼的视觉经验和感受体验，在平面的屏幕上再现立体的现实空间。

观众在观看屏幕图像时，对物体的空间位置会很自然地根据自己日常的生活经验做出想象、分析、推理，在大脑中形成判断结论。例如：景物近大远小、物体近高远低、光影近浓远淡等等。

摄像师正是利用这种经验判断，对画面的各种造型元素进行布局安排，通过构图的空间透视原理，创造再现立体空间纵深，让观众确信屏幕上的图像画面就是现实空间的重现。

利用画面构图来体现空间透视关系是摄像师的主要任务之一，掌握空间透视原理是摄像师用以进行画面立体化造型的最重要的手段。

透视与机位及镜头焦距密切相关。

一 体积透视

体积透视是指由于透视原理，平视拍摄的景物近大远小，从而感觉到画面的空间深度。图 4-4-1

镜头焦距较短，拍摄距离较近，体积透视效果明显，因此用广角镜头近距离拍摄，可以夸大体积透视关系。反之，镜头焦距越长、拍摄距离越远，则体积透视效果越弱。

二 线条透视

线条透视是指由于透视原理，平摄的物体近高远低，所呈现的线条（也可以是想象形成的不可见的线条）把视线导向纵深，从而体会到空间深度。

广角镜头可以凸显线条透视效果，由于广角镜头的光学特性，将现场物体线条十分夸张地向纵深汇聚，所以三维空间的感觉更加强烈。图 4-4-2

图 4-4-1

图 4-4-2

051

三 虚实透视

虚实透视是指利用镜头聚焦和景深的原理，使拍摄的景物有虚有实，表现出一定的画面空间深度。

用长焦距镜头大光圈近距离拍摄，景深范围小，景物虚实对比明显，画面的空间深度透视效果较为突出。

画面虚实透视还可以用变换焦点的形式来表现。图 4-4-3

图 4-4-3

四 空气透视

空气透视是指由于拍摄对象与镜头之间有一定距离，造成物体的色彩影调表现出近浓远淡的特征，从而产生空间深度感的一种透视原理。图 4-4-4

通常情况下，由于紫外线和空气中尘埃的影响，远处物体色彩纯度低、反差小、亮度高，近处物体色彩纯度高、反差大、亮度低。

图 4-4-4

图 4-4-5

用超长焦距镜头拍摄远处景物，由于纵向空间距离较长，空气中悬浮物质密度不等而产生不同的折光率，摄录机镜头的光学特性造成物体在画面中呈现游移不定的飘忽状态，甚至会在地表附近出现类似于"水波"状反光带，仿佛隐约可见运动物体形成"倒影"，画面表现出独特的透视效果。图 4-4-5

思考与练习：

· 反复练习画面构图、掌握布局均衡。
· 结合机位变换，理解物体透视关系。

· 利用各种视觉元素如虚景、线条、色块或人物投影等均衡画面。

• 构图是指整个画面内部结构的位置布局。

第 5 章 固定镜头

固定镜头，就是在固定机位（拍摄距离、方向和高度不变），镜头焦距也不变的情况下所拍摄的画面，也就是摄像机镜头框架处于静止状态时所呈现出的画面。

直白地说，固定镜头就是画框不动。

第一节 视觉效果

一 静中有动

固定镜头的视觉效果仿佛在凝目审视某一事物，这与我们日常生活中静止观看的视觉习惯是一致的。

有人以为固定镜头拍摄的画面都是静止的，这是一种误解。虽然固定镜头画框处于静止状态，画面没有外部运动，但是可以通过画面内部的拍摄对象的活动表现多变的内容。

固定镜头完全可以实现"静中有动"，固定镜头的"动"，是表现画面内部的人物或物体的运动。比如，用固定镜头拍摄两只公鸡相斗，画框虽然纹丝不动，但是画面中两只公鸡你来我往的恶斗却让人看得十分真切。

二 以静见动

固定镜头拍摄的画面场景范围不发生变化而其中的人或物在活动，唯其如此方能见动。有一句古话："止，而后能观。"这话很有道理，只有停下脚步，才能仔细观看。套用到摄像技法上——采用固定镜头拍摄——似乎也非常合适。

人们在运动时很难对某事物作详尽的观察，只有在静止状态下才能做到仔细辨别。观察事物一般规律是在不动的时候集中注意力，这才符合人们眼睛观看景物的基本要求。比如，天空飘舞着风筝，我们往往停下脚步来看，这样才能聚精会神看清它。你一边奔跑一边观看，能看清吗？就算看到，也顶多是个大概，"走马观花"这个成语说的不就是这个意思嘛！

三 因静更动

正由于固定镜头画框不动，限制了画面空间，规范了视野，有框架边沿作参照，因其"静"而凸显其"动"，更能表现出画面内部物体的运动状态。如左图，用固定镜头表现静态景物，水鸟在岸边休憩，高楼的倒影在水波中微微荡漾，更加衬托出喧闹的城市中难得的一方"净土"。图 5-1-1

固定镜头不动的画框给观众提供了稳定观看的基本条件，保证了观众在生理心理上得以顺利接受画面传达的信息，因而运动状态的最终表现效果更好。

固定镜头还可通过画面组接的方式形成视觉心理的动感。

图 5-1-1

四　为静造动

"为静造动"的意思是，为静态画框里的拍摄内容制造出动感来。

影像画面表现动态的人物，假如拍摄的对象是静止的，有人说用固定镜头拍岂不成了图片，那么镜头就非得运动吗？未必！笔者有幸在《DV@时代》举办的影像作品鉴赏会上看到一部风光艺术短片《云水谣》，拍摄的是秋季的九寨沟，天空湛蓝、湖水碧绿、草木五彩缤纷、风景秀美自不必说，高清摄录机的画质精细通透更不用说，作品用光讲究色彩自然、层次丰富、影调怡人也不去说，最值得称道的是，运用固定镜头而对拍摄内容"造动"。

《云水谣》片长约4分多钟，总共有36个镜头，其中仅3个摇摄镜头，其余33个完全固定（可见得固定镜头地位何等重要）。我们看到的画面是：静止的画框中，山不动，天上云朵飘，地面影子跑；空中没见月亮动，彩云乘风追；山上树木不动，树丛里雾气蒸腾；岸边花草不动，水面薄纱缭绕，湖中水草飘摇；山涧石头不动，急流倾泻，水花飞溅……画面中那些原本动得并不太明显（几乎看不出动）的云、雾、水、草等等，作者用"改变速率"的办法让它们"快速行动"从而"制造"出动感来。虽说改变速率"造动"并非此片首创，再说电脑上操作也极其简便，然而贵在这里的动感造得十分得体，与主题吻合自然妥帖。图5-1-2

图5-1-2

第二节 镜头特性

从信息传播角度来看，固定镜头主要有以下三个特性：

一 固定镜头的静态性

固定镜头所呈现出的画面空间范围稳定不变，是有别于运动镜头最显著的标志。可以说除了固定镜头以外，其他全都是运动镜头。

固定镜头框架的静态性，为画面内部物体位置提供了参照依据，使画面中的静态物体更安静，动态物体更具动感。

尤其以小景别表现人物的神态表情和细微动作，固定镜头显得特别重要。图 5-2-1

二 固定镜头的方向性

由于固定镜头画框固定，摄像机光轴和镜头焦距是静止的，表现出明确的方向性，因此观众得以平静专注地观看。

也正因为固定镜头的方向性稳定，它确定了画面中各物体相互间的位置关系，所以摄像师常用它作为场景的关系镜头。

三 固定镜头的叙事性

固定镜头排除了镜头运动所造成的画面外部节奏和视觉情绪，突出被摄主体的运动，观众可以更明晰地看清主体的动作形态和运动轨迹。

固定镜头让观众能更有效地理解画面的空间特征，观众对画面内容、人物动作的观察得到合乎视觉逻辑的心理感受，对故事情节的叙述发展作出理性化的联想，从而实现对完整画面运动空间的体验。

正由于固定镜头具有以上特性，在画面信息的传达方面具有独特的优势，对于内容的表现发挥了重要的作用。

1. 善于表现静态物体；
2. 有利于强化画面内部运动；
3. 画面表现具有客观性；
4. 具有绘画和装饰作用等。

由此，固定镜头形成静态构图造型特征的独特的美学意义。图 5-2-2

从观众接受心理来说，固定镜头使观众保持平静稳定的心理状态，为观众创造了保证能够正常顺利观看的前提条件，从而提高了信息传播的效率。

固定镜头的特性决定了它在影像制作中具有重要地位，任何类型的影像节目中，可以没有运动镜头，但是固定镜头不可或缺，而且应当占绝大多数。

图 5-2-1

图 5-2-2

第三节　错误表现

由于固定镜头的特性对于作品表现具有重要作用，因而被摄像师广泛应用，固定镜头在整个影像片的组成中占据了基础地位。

可是，有不少人尤其是初学摄像的朋友往往掌握不了固定镜头，他们拍摄的镜头经常无缘无故在运动，这种错误现象十分普遍，具体分析原因大致有以下三种类型。

一　"不知道"

这种现象在初学摄像的朋友中尤其突出，他们一拿起摄录机似乎心里痒痒的就想着"动"，手就不知不觉自然动了起来，不动"不过瘾"，推进去拉出来，来来回回动不停，糊里糊涂茫然不知所措，大概心想照相机动不得，这DV机还不让动吗？这也可能由于不懂得镜头该多固定的道理，从未听人说过，自己也没细想。那么当你从心底里真正明白固定镜头的重要性，并且自觉地落实到拍摄中——多用固定镜头，这就体现出你摄像技艺的一大进步，跨上了新台阶。

二　"憋不住"

有的朋友倒是知道镜头应该多固定，脑子里也想着不动，可是也许已经"习惯成自然"，处于"不自觉"状态，有时心里实在"憋不住"，手上便失去控制，不由自主地动了起来。把镜头时不时推一些、拉一些，幅度又并不大，好像犹豫不决不知如何是好；或者上下左右微微动么一小点，又不敢多动，拿不定主意，拍出来的画面就像"浮在水面随波漂泊"。希望这些朋友能下决心努力克服这个毛病，我相信一定能改掉旧习惯，走上正轨！镜头（画框）纹丝不动，里面人物动，这样的画面效果才真的完美。图5-3-1

三　"偏爱动"

偏有人对固定镜头颇为不屑，认为摄像机比照相机优越之处，正是在于镜头能任意运动，镜头固定了，岂不就丢失了优势？他们觉得镜头动起来才好，偏说这就叫"活"，还嘲笑别人的固定镜头"死"！于是他几乎每个镜头都在动，莫名其妙推呀拉呀，漫无目的"东张西望"没个停，心血来潮随心所欲想动就动，全然不知所云，有时像是在炫耀，架势显得十分潇洒。

结果怎样呢？画面让人看得眼睛疲惫不堪、头昏脑涨，严重的竟能令人晕眩、恶心，甚至可能"反胃"出现欲呕吐的感觉。

这些人大约很少看电影电视，劝你去看看，可以不听声音只看画面，是固定的多还是运动的多？是一个接一个地运动吗？人家的运动镜头是怎么动的？从哪儿动到哪儿？有起幅落幅吗？最重要的是镜头动得有没有道理，是无缘无故乱动一气吗？请你对照对照，认真细想之后再来谈这"活"字！

其实，固定镜头给人以稳定的视觉效果，是应用最广泛的镜头形式，在影视作品中使用频率最高的正是固定镜头。

图5-3-1

第四节 摄录要领

固定镜头看似简单，可是许许多多初学摄像的朋友最常犯的错误，就是不懂得用固定镜头拍摄，因而造成影片的失败。可以说，固定镜头是摄像技艺的一个基本功，是作品成功的重要条件，这是一个公开的秘密。

拍摄中坚持多用固定镜头，手上操作并不难，要说难，也就难在心里克制不住。

请静下心来，努力控制住"自己想动"的手，务必多多采用固定镜头拍摄。

真正明白固定镜头的重要性并能自觉地运用，这才体现出你在摄像操作技法上入门了。

一 操作步骤

1. 选择机位，确定视点；
2. 取景，构图，格准画面，聚焦；
3. 选择拍摄时机，掌握镜头时间长度，适时切换镜头。图 5-4-1

二 基本要求

固定镜头总的拍摄要求是实现画面的稳、平、实、美。

1. 画面稳定

拍摄操作必须持稳摄像机，确保实现画面稳定，凡有条件的尽可能使用三脚架或其他方式固定机身拍摄。图 5-4-2

2. 宁晃勿抖

如果徒手持机拍摄，万一稳不住，请记牢宁晃勿抖，因为抖比晃更难让人接受。

3. 构图美观

正确构图，做到景别格准、构图平、画面形式美。

4. 焦点聚实

精确聚焦，确保焦点聚实。

5. 曝光准确

根据拍摄意图，正确控制曝光。

三 技法运用

请记住一条拍摄要诀：你动我不动，不动叫你动，你若动不了，未必我就动。

这条要诀是笔者归纳的摄录窍门，也许对学习摄像的朋友在实际运用中会有所帮助。

图 5-4-1

图 5-4-2

1. 你动我不动

被摄物体在运动，镜头就固定不动，看它怎么动。事实上拍摄的内容通常都是运动的，采用固定镜头拍摄，一般说来画面效果比较好。

以焰火为例，用固定镜头拍摄就比较合适。焰火本身在运动，镜头就该不动，需要变换景别，干脆"切断"再拍。全景反映出满天的焰火有如百花盛开；中景表现争奇斗妍，竞相开放；有的又可用大全景连带拍到地面流光溢彩的建筑物与空中焰火交相辉映；有的却用近景（或特写）拍摄其中一朵鲜花的怒放景象。这样用固定镜头拍又多换景别，画面上绚丽璀璨的焰火千姿百态又变幻无穷，其效果自然不言而喻。

2. 不动叫你动

被摄物体不动，有时我们可以想法子让静止物体动起来，而不是自己镜头动。例如：

拍摄花卉，我们可以人为地对花扇风，造成花朵被微风吹拂的效果；

拍摄气球、风铃或其他小摆件，可先摇动它，而后拍摄；

又如，转动转盘，使宴席台上的菜肴旋转，以固定镜头拍摄交代。一盘一盘菜肴，如同走马灯一般亮相，画面效果饶有趣味。

有些影像片在摄录时专门安排人员制造动感，比如拍摄人物在水边，画外有人搅动水面使水波荡漾起来。图5-4-3

同样道理，拍摄工艺品如花瓶、古玩、雕刻作品之类，便可放置于转盘中央，使之旋转360度，采用固定镜头拍摄。这样，前后左右全都能反映得清清楚楚。

3. 你若动不了，未必我就动

如果被摄物体不可能动起来，比如城市雕塑、建筑物或室内家具、壁画、照片等，那么可以用运动镜头，但是未必非得用运动镜头。用固定镜头也可以想办法"为静造动"，如前文所说改变速率，让空中的云彩、地面的影子等"能动的"动起来。再说，固定镜头不同景别的组接也能产生视觉心理的动感。

总而言之，摄像尽可能多用固定镜头，少用运动镜头。根据拍摄内容来考虑，有必要动的、动得有道理的、非动不可的而且动的效果好的，才采用运动镜头拍摄。

图5-4-3

思考与练习：

· 多看电影电视，理解固定镜头的地位、作用。

· 对照错误表现，认识固定镜头的重要性。

· 反复练习，掌握摄录要领。

第 6 章 运动镜头

运动镜头是指通过改变机位（距离、方向和高度）或镜头焦距进行拍摄的镜头。

运动镜头最显著的特征是它的"画框"在运动。

运动镜头主要有拉、推、摇、移、跟以及多种运动形式结合使用的复合运动镜头。

一个完整的运动镜头应当包括起幅、运动、落幅三部分。

起幅，是指运动镜头开始时的固定画面。画框不动，画面要有构图中心，实际上就是固定镜头。起幅应当有适当的时间长度，以便交代清楚画面内容。

落幅，是指运动镜头结束时的固定画面。落幅画面要求构图完整，镜头稳定。落幅也应当有一定的时间长度，完整地表达画面信息，给人以终止感，犹如一个句子最后画上了句号。

拍摄运动镜头必须规范，起幅、运动、落幅都应当明确、合适、到位。

起幅、落幅画面的固定状态，十分必要又至关重要，它是与相邻镜头进行正常组接的条件之一。落幅是观众视觉的终结处，是整个镜头表现的重点，特别讲究画面的美感。

落幅应与起幅有一定的内在联系，必须摒弃那种"脚踩西瓜皮，滑到哪里是哪里"式的摇摄，更要杜绝"拉风箱"似的往返推拉。

运动镜头只有中间部分在运动，拍摄时应注意把握镜头运动的速度，快慢要适当，尤其要注意保持速度均匀一致。

镜头在运动实际上是反映摄像师的思想在活动：你想让观众看什么，你想对他们说些什么等等。

运动镜头须得必要、合理、适度、规范。不少朋友喜欢用运动镜头，但往往用得多而滥，有的目的性不明确甚至并无道理，有的则没有起幅、落幅，这恐怕并不是缺少拍摄时间，而是缺乏这种意识。

第一节 拉镜头

拉镜头，是指机位不动，镜头光轴（拍摄方向角度）也不变，通过改变摄像机镜头的焦距而得到画面景别由小到大，形成景物由近变远的效果。

拉镜头也可以不变动焦距和光轴，而通过向后移动机位（后退）来实现。改变焦距的拉镜头与机位后退的拉镜头，二者拍摄效果透视关系不同。

拉镜头由起幅、运动（拉）、落幅三部分组成。

图 6-1-1

一 表现特征

1. 改变画面结构

拉镜头造成画框向后运动，反映出多种景别过渡的变化过程。观众在一个镜头内可以了解主体在空间的位置、局部与整体的关系。新的视觉元素逐渐加入，与原有主体产生联系构成新的组合关系，从而造成画面结构变化。

图 6-1-1

2. 营造表现效果

在影视作品中经常有这样的拉镜头：以某些局部作起幅开始，而观众的思想活动偏偏又深受这些局部的影响形成思维定式，拉到落幅才呈现整体形象，这就有可能制造出始料不及的惊险或幽默效果。

3. 交代主体位置

随着镜头向后拉开，开阔了视野范围，被摄主体所占面积由大变小，视觉重量减轻，而主体周围环境的空间环境得以表现，这样便交代了主体所处的位置以及与其他景物的关系。

二 操作步骤

1. 先确定落幅的构图；
2. "推"到起幅位置，构图、聚焦；
3. 试"拉"一遍；
4. 正式拍摄"拉"镜头：一般起幅约2～3秒，运动（拉），落幅约1～2秒。

三 拍摄要领

1. 目的必须明确

拍摄拉镜头的目的必须要十分明确，落幅位置心中要有数。

2. 镜头干净利落

拉镜头应当干净利落，不要犹豫不决，更不应拉过头又作修改，再推回去一些。

3. 速度均匀一致

拉摄的速度要均匀一致，不可时快时慢、时动时停。

4. 幅度合乎需要

注意拉的幅度合乎内容表现的需要，不一定要从最长焦距作起幅拉开，也不一定非拉到最短焦距不可。

5. 关键在于有理

关键在于根据内容表达的需要拍摄拉镜头，应当拉得有道理，不可以无缘无故想拉就拉。

四 技法运用

1. 展示空间位置

拉镜头，拍摄范围由小逐渐变大，主体缩小，给人以扩展开阔的视觉感受，用来表现主体在空间的位置。

例如拍摄建筑物，可从顶部或某一特别标志拉开，逐渐展示全貌。

2. 表现抒情意味

拉镜头，有时能表现由紧张趋向松弛缓和的感觉，慢拉则具有抒情意味，应根据内容的需要确定合适的速度。

3. 制造"爆炸"效果　图6-1-2

可以"急拉"拍摄某些画面，用以制造"爆炸"效果。

推镜头，是指机位不动，镜头光轴也不变，通过改变摄像机镜头焦距而得到画面景别由大到小、景物由远变近的效果，与拉摄恰恰相反。

图6-1-2

第二节 推镜头

推镜头也可以不变动焦距和光轴,而通过向前移动机位(前进)来实现。改变焦距的推镜头与机位前进的推镜头,二者拍摄效果透视关系不同。

推镜头也由起幅、运动(推)、落幅组成。

一　表现特征

1. 表现局部细节

推镜头表现为画框向前运动,视点逐渐前移并靠近主体,反映出多种景别过渡的变化过程。观众在一个镜头内可以了解到空间整体与局部的变化关系。由于画面范围由大到小,场景中次要部分被不断排斥于画框之外,从而起到突出主体人物和强调局部细节的作用。图6-2-1

2. 制约观众视点

推镜头所形成的场景空间的连续变化,具有强烈的视点制约性。同时推镜头保持了时空的统一和连贯,使主体与环境的联系具有真实可信性。

3. 形成视觉节奏

推镜头视觉表现逐渐接近主体,产生了由弱到强的视觉节奏。"急推"的画面节奏变化更为剧烈,具有极强的冲击力。

二　操作步骤

通常采用变动焦距的方法拍摄推镜头,与拉摄同理。

1. 推镜头,落幅是其核心,应当先确定落幅的景别、构图,聚实落幅的焦点;
2. 拉到起幅位置构图,试推一遍;
3. 正式拍摄推镜头:一般起幅约2～3秒,运动(推),落幅1～2秒(也可根据需要作适当延长)。

三　拍摄要领

1. 事先考虑充分

拍摄推镜头应当事先考虑充分,有备而来,落幅位置要明白无误,时间允许最好反复试推,不打"无准备之仗"。

2. 操作一气呵成

推镜头拍摄操作过程要推得痛快淋漓,一气呵成,不要吞吞吐吐,更不可莫名其妙地来回推拉。

图6-2-1

图 6-2-2

3. 速度均匀一致

推的速度要均匀一致,不要时快时慢、时动时停。在试推时要用心体验确定推的速度。

4. 讲究落幅构图

推镜头特别讲究落幅画面构图美观。在试推时精心设计落幅构图并注意变化过程中的构图匀称。图 6-2-2

5. 确保焦点落"实"

推镜头,焦距由短变长,主体景深逐渐变小,焦点稍有偏差图像效果就会松散或虚化,必须精确聚焦,确保焦点落"实"。

6. 避免画面晃动

推镜头拍摄中,越推焦距越长,越容易引起画面晃动。凡有条件的应尽可能使用三脚架,以确保效果稳定。

7. 推得必须有理

根据拍摄内容的需要安排推镜头,重要的是在于推得必须有理由,这是需把握的关键。推镜头应当有的放矢,不可以心血来潮说推就推。

四 技法运用

1. 强调重点部位

推镜头,拍摄范围由大变小,主体逐渐放大,能够既交代主体所处环境又看清局部细节,可以强调其重点部位特征。

2. 反映表情变化

推镜头可以反映人物的表情变化,揭示内心活动。例如人物访谈节目中,有时主人公在叙述过程中流下眼泪,画面可由中景推到近景或特写,表现人物的情绪反应。

3. 表现情感效果

手动快速变焦"急推",表现兴奋、急切、惊讶、激动等情感,从而产生强烈的震撼效果。法制类节目常采用这样的摄法。

4. 用于画面组接

推镜头可用于画面转场。前一个镜头推到某个局部,与后一个场景某局部组接。

5. 操作必须娴熟

拍摄推镜头应当谨慎,必须操作娴熟、技法到位。

第三节 摇镜头

摇镜头，机位不动而通过转动摄像机镜头光轴的拍摄方法，是表现力丰富的拍摄技巧。

摇镜头以不同的方向角度分为水平摇（横摇）和垂直摇（竖摇）等。

摇镜头以不同的速度来看，有慢摇、快摇、急摇（甩）等。

摇镜头由起幅、运动（摇）、落幅组成。

一 表现特征

1. 表现场景空间

摇镜头，通过改变镜头光轴来拍摄，机位虽未变动却能表现较大的场景空间，这个特征与人们日常生活中原地立定环顾四周的视觉效果相似。

2. 引导视觉注意

摇镜头通过画面的外部运动，表现出一定程度的强制性，引导视觉注意力由此及彼地转移。

3. 反映位置关系

摇镜头能表现人物或物体的空间位置关系，有时表达二者之间的逻辑联系。

一般说来摇的速度要均匀，不可时快时慢。但有时根据需要作减速、停顿的"间歇摇"，在一个镜头中形成若干段落，既引导视觉的停顿，又反映相互间的关系。

4. 产生情绪效果

由于摇镜头对观众视线作出改变，具备推动事件情节发展的可能性。影视片常用摇镜头表现原来如此、恍然大悟、出乎意料、大吃一惊等情感反应。

比如，最近的第18届北京大学生电影节参赛影片《天堂午餐》，故事讲述一个儿子为在天堂的母亲做了顿午餐，说了一个简单而沉重的道理：感恩父母，不能等待，主题在弘扬中国的传统道德——孝。其中镜头设计也很有想法，尤其是那个摇镜头特别打动人心：图6-3-1

儿子忙碌着做饭等妈妈回家吃饭，快到点了。

儿子拉开妈妈坐的椅子，盛碗饭端到桌上。

妈妈回来了，看着一桌子菜，是儿子做的。

儿子给妈妈搛菜，妈妈激动得手都颤抖了。

儿子大口大口吃饭……

（摇镜头）桌上的菜——摇向妈妈的座位，椅子上妈妈的遗像……

原来，此前我们看到镜头中出现的妈妈，是

图 6-3-1

出于儿子的想象，是他意念中的主观镜头，这时儿子脸上的泪痕依稀可见。

往日妈妈同儿子的对话：

"妈多会儿能吃上一顿你给我做的饭啊？"

"妈，等你老了，我天天做给你吃。"

转黑场字幕：

当你在等以后时，就已经失去了永远。

摇镜头的速度影响观看心理，摇镜头的方向角度还能表现特定的情绪。例如倾斜摇、旋转摇可以表现活跃、欢快的情绪，某些娱乐性节目经常采用旋转摇摄法。有时倾斜摇、旋转摇画面也可以产生惊慌、恐惧的效果。

5. 特殊镜头组接

"甩"镜头是摇摄的极端表现形式，它的摇摄过程画面完全被虚化。甩镜头具有强烈的动感，极度地夸大起幅与落幅之间的联系。

二 操作步骤

1. 先找好落幅位置，确定景别构图，聚实落幅焦点；

2. 身体站立姿势以落幅时舒适自然为宜，转动腰部做起幅构图，试摇一遍，越接近落幅，身体姿势越趋于放松舒展；

3. 摇镜头一般起幅约2～3秒，运动（摇），落幅1～2秒（可以适当延时）。

三 拍摄要领

1. 目的明确有理

拍摄摇镜头应当胸有成竹，落幅目标位置要一清二楚，绝不仓促上马。

根据需要安排摇镜头，有明确的目的，摇的过程有计划，落幅有依据，与起幅有某种内在联系。切忌拿着摄像机毫无目的又不停顿地连续摇摄，有人调侃此现象为：如同打着个手电筒四下里乱照，茫然若失地不知寻找何物。

2. 动作连贯流畅

摇镜头要求连贯顺畅、一气呵成，不要左顾右盼，一般不允许摇过头再往回摇。有句俗话"好马不吃回头草"，不妨作为参考。

介绍环境的摇镜头应当有一定的幅度，镜头转动的角度通常可大一些。

3. 构图注重落幅

摇镜头的起幅、落幅构图要完整充实，主体鲜明突出，尤其注重落幅构图要美观，焦点要聚实。在试摇的时候应明确"落脚点"的位置，正式拍摄时一般不要对落幅的构图再作重新修正。图6-3-2

4. 速度保持均匀

摇的速度以观众看清为准，不要过快或过慢。摇的整个过程速度要均匀一致，不可时快时慢。特殊情况（如逐个介绍来宾时）才可采用"间歇摇"法。

5. 掌握急摇技法

急摇形成了"甩"镜头，关键在于对它的落幅的把握，拍摄技法的掌握有相当难度。

简易的办法是：镜头切断在甩的过程之中，再另接一个落幅镜头。

拍摄甩镜头必须熟练操作，动作干脆利落，决不可拖泥带水。应当先想好怎么甩、甩到哪里、接什么镜头等，并且要反复试练、体验甩的感觉，然后才实拍。

四 技法运用

1. 展示空间关系

摇镜头可用来展示广阔空间、扩大视野、显示规模、表现运动物体的动作或两物之间的内在联系等。图6-3-3

水平摇常用于扩展视野、介绍环境，给人以平静、安宁、舒展、开阔的感受。垂直摇可以显示自然景物或建筑物的巍然高大，产生崇高、庄严、正直向上的感觉，从上向下摇具有"拔地而起"的效果。

2. 内容决定速度

摇的速度与所拍摄的内容有紧密的

图6-3-2

图 6-3-3

图 6-3-4

联系，例如用摇镜头介绍上海外滩的建筑群，镜头的起幅、中间的运动部分（摇）与落幅同样重要，摇的速度宜慢一些，把每一座建筑物都交代清楚。

3. 速度反映情感

摇的速度还与表达的情感相关，快摇能表现兴奋、活泼、激动、紧张等情绪，慢摇则有表现稳重、忧郁、懒散或从容、舒缓等感情的作用。

运用急摇"甩"镜头的要点在于：为什么甩，前后镜头是否有联系，形成了怎样的逻辑关系，表达怎样的思想感情等等，这些都要事先考虑周全。

甩镜头如果用得巧妙，能产生雄辩的说服力以至强大的战斗力。例如，在粉碎"四人帮"之后，有人拍摄反映"文革"时期农村题材影片中所设计运用的甩镜头：

村口大树上，高音喇叭（慷慨激昂地呼喊着"运动"的口号）——甩镜头——（接）路边一头毛驴声嘶力竭地蠢叫。

作者的立场态度、思想情感、表达意图尽在这巧妙的"一甩一接"之中，无须再作解说，这可算得上是"用镜头说话"的典型范例。

4. 方向应当讲究

摇的方向没有死板的规定，介绍环境的摇镜头，通常无论从左向右或从右向左摇都可以。横幅或其他有文字内容的镜头，按书写阅读顺序摇摄（一般都从左向右，由上而下）。

表现两个对象之间的联系的摇镜头，就应当讲究选择起幅和落幅，重点在落幅。图 6-3-4

5. 考虑对象变化

拍摄这类反映二者之间内在联系的摇镜头，还须考虑到被摄对象表现状态的变化因素。有的对象可能因你拍摄而受到干扰，引起某些动作或表情变化，那么这个对象就应当作为起幅，先拍下来。

第四节 移镜头

移镜头是指摄像机做无轴心运动进行拍摄的方法，一边移动机位一边拍摄。以此法拍摄的画面能产生特别的空间立体效果。

移镜头可分为平移、升降、进退等。

平移可以从左向右，也可以从右向左；升降是由下而上或由上而下的移动拍摄；进退也可视为推、拉的摄法；还可以斜向移摄。

一　表现特征

1. 镜头存在依据

移镜头存在的依据，一是日常生活的视觉生理体验，例如在行进的车辆中观看窗外景物；二是心理活动的体验，运动节奏使画面产生动感，动感的节奏表现出浓厚的感情色彩。

2. 画面结构变化

移镜头由于采用不同的运动方向，产生画面内容和结构上的变化。

移镜头的优势，还在于对复杂空间表现上的完整性和连贯性，在不切换画面的情况下，能对空间景物进行多角度、多景别、多层次、立体化的描绘。

3. 表现空间透视

移镜头拓展了画面的表现空间，突破了画框的限制并导致了空间透视的变化，因此有助于表现大场面、大纵深、多景物、多层次的复杂场景，产生恢宏的气势。图6-4-1

4. 反映活动范围

移镜头可以用与被摄主体同样的运动轨迹，来表现主体运动中的姿态和局部细节，也可以反映主体的活动范围和路径。

5. 产生情绪节奏

移镜头以其特殊表现形式，引导观众视线，吸引其注意力，能产生相应的画面情绪节奏。

二　操作步骤

1. 观察并确定要作移摄的景物，设计移摄的方向路线；

2. 取景、构图、聚焦，试移一遍；

3. 在移的过程中保持构图正确并跟踪落实聚焦；

4. 移镜头：通常起幅2～3秒，运动（移），落幅1～2秒。

图6-4-1

图6-4-2

三 拍摄要领

1. 不要欲行又止

拍摄移镜头，应当看准了、想好了以后再拍，不要在移摄的过程中欲行又止拿不定主意。图6-4-2

2. 不可拖泥带水

移的速度要适当、均匀，与其他运动镜头一样，不可拖泥带水、时快时慢、时动时停。

3. 配置相关器材

为获得异乎寻常的特殊画面效果，某些专业人员拍摄移镜头往往配置高档的相关器材设备，如轨道车、升降机、摇臂乃至热气球、滑翔机等，没条件也可以因陋就简、想方设法来拍摄。

4. 身体动作协调

业余爱好者仅靠脚步走动的移摄容易晃动，应注意脚步平稳交替轻移，并要靠膝盖、大腿、腰部等身体各部分动作协调配合加以缓冲来争取画面稳定。

四 技法运用

1. 展示景物层次

在运动物体上拍摄（如在车里拍窗外景物）是最常见的移摄法。

上升的移镜头能产生"更上一层楼"的感觉，运用得法能形成非常美的空间透视感，常用于表现场面规模和宏大气势。

2. 表现主观感受

移镜头可用来表现运动人物的主观感受。例如：拍摄孩子踢球或追赶小蝴蝶，就可安排一个移镜头。摄像机以孩子的视点作机位并模仿他奔走的动作一边移动一边拍摄，表示这时孩子眼睛里看到的球在滚动或小蝴蝶在飞舞。这个镜头略微有些晃动，也许更具现场感。

3. 运用移镜头必须慎重

运用移镜头要慎重，必须有充分的道理。除表达的需要非移摄不可的，一般应尽量少用。某些初学摄像的朋友往往毫无理由忽然想到就随随便便地"移摄"起来，是十分要不得的。

拍摄移镜头一定要注意安全，尤其是往后退步移摄，更应倍加小心，必须留意身后有无障碍，防止意外事故。图6-4-3

图6-4-3

第五节 跟镜头

跟镜头是指摄像机跟随被摄主体一起运动，表现主体运动状态的拍摄方法。

跟镜头，是对于运动中的主体（人或物）而言，镜头随着人物的运动作相应的跟踪拍摄。

跟镜头的运动方式可以是摇，也可以是移，即"摇跟"或"移跟"。

跟镜头与摄影"追随法"相通，主体人物在画面中相对静止，背景产生"流动感"。图 6-5-1

一 表现特征

1. 运动主体明确

跟镜头有明确的运动主体，摄像机与主体保持相应的运动，使被摄主体在画面中处于相对稳定的位置。

2. 主体相对静止

跟镜头画面中背景环境的变化十分明显，而主体则呈现相对静止状态，观众的视线被牢牢吸引，又能看出主体与环境的关系。

3. 表现现场参与

采用背后移摄的跟镜头，往往使观众的视点与画面主体人物的视点重合，带有"主观镜头"特征，表现出明显的现场感和参与感。

二 操作步骤

1. 对运动中的人物取景、构图、聚焦；
2. 摄像机与运动主体保持相等（或相近）的速度同步运动；
3. 在拍摄过程中保持构图的美感并要注意焦点的变化，对主体跟踪聚焦。

图 6-5-1

- 上图：固定镜头：画框不动，其内部人物运动。
- 下图：固定镜头：想方设法制造动感，例如茶壶茶杯中水汽蒸腾。

· 摄像中所谓的"跟镜头"与"追随法"摄影相似。

三　拍摄要领

1. 镜头主体运动

跟镜头可以有起幅、落幅，也可以只有主体的运动（跟）的镜头而不安排起幅、落幅。

2. 运动速度一致

拍摄跟镜头，镜头运动的速度与被摄主体运动的速度要保持基本一致，尽量避免发生主体"逃出"画面（跟丢了）再去"找回来"的现象。

3. 运用出画组接

起幅可以让运动主体先动起来，接着镜头才运动。落幅可以故意放主体走出画面，切断后再组接其他镜头，这样比较自由也自然合理。

4. 把握背景影调

跟镜头选择的背景影调略深，主体显得明亮并与背景分离，采用逆光拍摄效果较好。

拍摄跟镜头，背景景物有明显的色彩变化，其动感十分强烈，画面效果具有特别的美感。

四　技法运用

1. 表现运动状态

跟镜头用来表现人物的运动状态。摇跟法一般表现运动的过程，常见的有拍摄短跑运动员由起跑一直到终点冲刺的运动状态。

2. 等速运动拍摄

最简单可行而效果又好的移跟，是摄像师以与被摄主体保持变化不大的一定距离、基本相等的运动速度来拍摄，如坐在车上拍摄马拉松长跑运动员的镜头。

摄像机与被摄主体在同一载体上拍摄，如在旋转木马上拍摄儿童，两者相对静止，人物位置不变（这也可以理解为固定镜头），背景持续流动，画面效果甚佳。

《黑天鹅》是第83届奥斯卡最佳摄影和最佳剪辑提名影片，其中在芭蕾练功房有一段跟摄舞者尼娜练舞的镜头，人物动作舒展，姿态优雅，背景流动一气呵成，画面效果十分唯美。图6-5-2

3. 镜头综合运用

跟镜头可结合推或拉摄法成为复合运动镜头，根据内容表达的需要而综合运用。

摄像师靠脚步走动拍摄移跟镜头，最好由助手扶持来协助拍摄，以防不测。

图 6-5-2

第六节 综合运动镜头

复合运动镜头是指在一个镜头中将推、拉、摇、移、跟等多种形式的摄法，合理地结合起来使用的拍摄方法。

复合运动镜头由起幅、复合运动、落幅组成。

一 表现特征

1. 立体反映主体

复合运动镜头通常包括机位、焦距和光轴三者的变化，在一个镜头中多层次、多方位、立体化地反映被摄主体和空间环境。

复合运动镜头展示出复杂的空间环境特征，表现独特的视觉效果。

2. 丰富画面内涵

复合运动镜头，在连续不断的画面时空里表现不同的事件、情节、人物和动作，形成多结构的画面关系。

由于画面结构的多元性，增加了画面的容量，丰富了画面的内涵。

3. 叙事结构完整

复合运动镜头通常表现动作的连续性，保证了叙事结构的完整，从而体现了画面的真实性。

4. 画面节奏流畅

复合运动镜头的流畅、连贯性画面具有韵律感和节奏感，更具音乐旋律的表现优势。

二 操作步骤

1. 观察被摄景物，根据需要来确定镜头的运动路径；

2. 先做试运动，留心运动的速度，不要过快过慢，同时观察构图效果，特别是落幅要美观；

3. 注意焦点的变化，以便在正式拍摄中及时修正。

三 拍摄要领

1. 运用复合运动镜头必须要有理由，通过画面语言表达作品内容。

2. 运用复合运动镜头要有明确的目的、有计划、有章法，用得恰到好处才会有美感。

3. 要注意现场的光照情况，尤其是镜头运动可能造成被摄主体忽明忽暗，拍摄时应精心设计运动路线，并且采取措施尽力避免主体的明暗变化。

四 技法运用

1. 复合运动镜头，镜头运动的顺序要清楚。

2. 复合运动镜头，镜头运动的层次要分明。

3. 运用不同的拍摄姿势完成复合运动镜头，有升高视点观察全貌的效果。

4. 正确运用复合运动镜头与胡乱地推拉摇移，二者根本的区别在于：前者条理清楚，意图明确；后者漫无目的，不知所云。这是复合运动镜头拍摄技法之真谛，务必用心把握。

思考与练习：

· 反复练习，掌握摄录要领。
· 理解运动镜头的合理运用。

第 7 章 镜头语言

镜头是表达影像内容的结构基础，是影像最基本的语言单位，正如整篇文章中的字、词或句子。这就是"用镜头说话、写文章"。

说话、写文章讲究语言，注重遣词造句布局谋篇、修辞描写抒情议论等等。影视用镜头说话、写文章，同样讲究语言——镜头语言。有别于文字，镜头语言具有自身独特的形象化优势，它更直观、更鲜明、更生动，因而往往更具表现力和感染力。

镜头语言有多种形式、多种类型，各自有其独特的表达作用和表现方式。对镜头语言的归类划分的方法有多种，从观察视点来看，大致可分为客观镜头和主观镜头，从影像创作来说，有反应镜头和空镜头等。

第一节 客观镜头

一 镜头的视点

从空间位置上分析，镜头确定了摄像机在空间的视点，从这个视点表达并再现现实空间，表现被摄主体在空间的位置、主体与其他物体之间的联系。从表现人物方面分析，镜头形成了与人物的对应交流和对人物形象、形体的展示。

从摄像画面空间位置的视觉意义上理解，镜头代表三个不同的视点。

首先，镜头代表摄像师的视点。镜头是摄像师观察世界、传达信息、表现情绪的工具，通过镜头对观众的视线进行调度和引导。

其次，镜头代表观众的视点。观众的视线随镜头而运动，摄像师必须考虑尽可能表现观众所最期望看到的内容。

此外，镜头可以代表画面中人物的主观视点。

由于视点的不同而形成了客观镜头和主观镜头。

二 客观镜头的特征

客观镜头表达的是无偏见的、公正客观的视点所观察到的事物，而摄像师（编导）的视点则隐藏在客观视点之中。
图 7-1-1

客观镜头应尽可能客观地叙述主体的活动和事件本身。

但是，事实上几乎不大可能存在"纯客观"的表现形式。诸如拍摄角度、拍摄距离、镜头焦距、景别大小、画面构图、透视效果等都影响着所表现内容的"客观性"，甚至于画面往往还带有摄像师明显的情感倾向因素。

三 客观镜头的作用

1. 描述性

摄像画面以其直观的可视性，具有明显的描述性特征。我们应当努力掌握影像画面形象、生动、活泼的表现形式和镜头语言的表达方法，发挥其特有的艺术表现能力进行艺术创作。

客观镜头是摄像师借助手中的摄像机把他看到的客观现实记录下来并呈现在观众面前。这个记录不是监视器式的记录，同样这个呈现也绝非冗长拖沓、杂乱无章地照搬。摄像师以自己对客观事物的解读，把他的认识渗透到拍摄的镜头中，

图 7-1-1

因而镜头具有鲜明的描述作用。图 7-1-2

2. 表现性

空间位置关系和主体运动是镜头的主要表现内容，也是摄像师十分有力的表现手法之一。对动作的重现和创造是影视艺术的主要任务。

正是摄像机对运动的表现使摄像画面具有较强的吸引力，画面不仅能够表现物体的运动，还可以在运动中表现物体，观众得以多角度、全方位地获取画面信息。因此，画面对主体的描述更详尽、更全面，画面语言更丰富、更精彩。画面结构呈现多元化趋势，加大了画面的容量，从而使画面描述性的表现作用显得尤其突出。

图 7-1-2

3. 感受画面情绪

画面的描述性特征使观众不仅看到所呈现的图像，而且能够感受到画面情绪的存在，或者产生某种心理期待。

摄像师应当掌握表现运动的规律，通过画面的空间位置表现主体的形象，用以塑造人物并描述其内心世界。

四　客观镜头的应用

客观镜头应用最为广泛，是最常见的镜头描写方法，我们所拍摄的镜头一般都是客观镜头。

在实际运用时，客观镜头要求内容充实、围绕中心、突出主题，对所要介绍的事物作多角度全方位观察，从不同角度用不同的景别拍摄，向观众叙述正在发生的事情。

客观镜头是影像摄录使用率最高的镜头，一部影像片中几乎绝大多数是客观镜头，它是影像片叙述事件普遍采用的基本手段。

1. 交代镜头（也称作关系镜头、定位镜头等）

交代镜头通常以全景为主。

交代镜头的作用在于，交代场景中主体的空间位置、物体之间的关系，交代人物的运动方位及运动轨迹，交代事件发生的时间、地点和环境等。

交代镜头一般是场景段落的第一个镜头或最后一个镜头，它可以造成视觉舒缓、停顿和节奏间歇，具有抒情表意功能。

2. 动作镜头（也称作描写镜头、事件镜头或叙事镜头）

动作镜头的作用是表现人物形体、表情和运动状态，介绍人物语言及其交流和人物关系、相互间反应等。

图 7-1-3

动作镜头应当具有视觉上的可看性。图 7-1-3

动作镜头占镜头总数的绝大多数，是叙事重点和视觉核心，是整部影像片的结构主体。换句话说，影像片主要是靠动作镜头支撑起来的，它是影像叙述人物事件广泛运用的最基础的表现形式。

主观镜头是影视镜头语言形式的一种，它表现的是故事中人物所观察到的事物及其主观感受，是以人物为视点所形成的（人景物、光影色）画面。直白地说就是镜头里的人看见什么。

第二节 主观镜头

一 主观镜头的特征

影视靠镜头说话、讲故事，影视艺术中的主观镜头具有独特的优势。就拿戏剧来说，人物在台上表演，观众在台下所看到的这个舞台空间是一个客观镜头。故事介绍戏中人物看到的是什么，只有靠这个人物自己的"道白"向观众作说明。这不免让人感觉不习惯，似乎有点儿"怪怪的"，而对于影视来说，只要切入一个主观镜头便可解决，既明白又自然。

主观镜头代表画面中人物的主观视点，画面所显示的，正是人物所看到的内容。观众在解读时，将人物的情绪与自己的感受自然地联系到一起。

主观镜头用于表现人物的亲身感受，带有强烈的主观性和鲜明的感情色彩。

摄像师通过主观镜头把人物的主观印象展观给观众看，使观众同画面中的人物一同去观察去感受，产生身临其境的艺术效果。主观镜头能丰富镜头形式，增添情趣，加强作品的表现力，有时主观镜头有赞美、歌颂等抒情作用。

主观镜头正是发挥影视艺术的特点、充分彰显镜头优势的一个手段——用摄录机通过人物的眼睛把相关情景直观地展示在观众面前。主观镜头的语言效果准确鲜明生动，对于描述故事情节、抒发人物情感具有特别的功用。

影片《爱德华大夫》中有堪称经典的主观镜头，特介绍于下：图7-2-1

图7-2-1

莫奇森院长；
杀人罪行被康斯坦丝医生揭露后，他握着手枪对准她；
康斯坦丝医生边走边说这就去报告警察局，坦然离开办公室；
握着枪的手转向左侧（停顿）；
继续向左转，枪口对着镜头；
开枪声，枪口冒火；
黑场……

二　主观镜头的应用

运用主观镜头是摄像技艺巧妙地表达方式和艺术创作的重要手段之一。

摄像师应当努力掌握主观镜头的表现方法并合理巧妙地运用，这是摄像技艺水准的一种体现。

在实际运用时，要以主体人物的视点来观察周围的事物。摄像机必须以画面中人物的位置为视点拍摄，摄像机镜头就替代着主体人物的眼睛。

主观镜头要与画面内容联系，起到推动情节发展的作用。

主观镜头有时可表现画面中人物在特殊情况下的精神状态，如视线模糊、摇摆不定或人物的想象或幻觉等。

合理运用主观镜头，更重要的是要学会发现并设计作为主观镜头的拍摄内容。

主观镜头应用广泛，几乎在任何一部影像片中都可看到，应注意欣赏品味并学习借鉴，不妨也尝试运用。主观镜头借眼睛说事，实质做脑子文章，看点在于"想法"。

三　主观镜头的表现方式

主观镜头的表现方式有多种，应根据故事情节恰当地设计。这绝不是形式上单纯的技术活，重在内容的需要，形式服务于内容，二者结合妥帖才好。要符合人物情节本身，又要满足作者叙述的要求，还要合乎观众解读的逻辑思维方式。换句话说，首先镜头要合适，其次表达要巧妙，还得让观众能看明白。

1. 人物 + 主观镜头

通常情况下主观镜头与人物镜头或前或后相继对应出现，组合起来共同叙述事件，这是最普遍最常用的表现方式。例如：

女孩发现了什么，欣喜地叫男孩朝天空看　（人物镜头）；

图 7-2-2

图7-2-3

天空中风筝飞扬（主观镜头）。图7-2-2

这种表现方式最明显的好处在于：来龙去脉交代清楚，叙述情节有条有理，观众看得明明白白。

2. 一个长镜头摇摄

贾樟柯作品《小武》结尾有一个长镜头（长达2分多钟），颇受业内人士关注。这里无意探讨这个镜头的思想内涵，仅试图分析这样的表现方式：有时候镜头未必非得切换，可以从人物直接摇摄到其所见事物，这也是一种主观镜头。图7-2-3

小武被铐在电线杆上……围观的人渐渐聚拢……小武一脸沮丧，手足无措，挠头遮挡，他瞟一眼四周，坐立不安，然后蹲下……（镜头摇向围观人群，仰摄）人们交头接耳，指指点点，悄声议论，不时有人加入来看热闹……（叠化）画面进入"黑场"，现场议论声依稀可闻……（表示事件继续，镜头省略）

3. 单用主观镜头

由于真实人物镜头拍起来比较麻烦，或者人物本身难以再现甚至不可能重现，这时不妨索性省略人物镜头，单用主观镜头来表现。例如：

中央电视台《焦点访谈》栏目通过采访名人学者介绍清明节的传统文化内涵，请中国民间艺术家协会主席、著名作家冯骥才先生讲述清明寒食的来历。当他说到介子推不愿当官，背起老母逃往深山……这时候电视上出现的就是一个主观镜头——晃晃悠悠移动着的山间小道（摄录机模仿人物边跑边拍）。用这个镜头完全满足叙事的要求，试想这里若要拍人物镜头，莫非找演员扮演古人不成？显然没这个必要，况且由演员表演作"情景再现"在这类节目中分明又不合适。

4. 主观镜头制造悬念

还有更为特别的例证：由于剧情推进的需要，编导刻意要隐去某人物，避免面部形象出现在画面上，又要点明其所作所为，于是用主观镜头取而代之，目的是用以制造悬念。三十多年前，推理侦探片《尼罗河上的惨案》就运用过这种手法，介绍如下：图7-2-4

××神庙遗址，一派神秘肃穆气氛，影片中人物在此游览；

摇晃着向前移动的登高通道，脚步声，喘息声（主观镜头）；

游客们三三两两结伴同行，在神像石柱周围参观瞻仰；

一块大石正被人推动，使劲声（主观镜头）；

079

图 7-2-4

沉重的大石块由高处急速坠落；

石块轰然着地，险些砸中故事的主人公……

5. 主观镜头表现臆想

意大利著名导演朱塞佩·托纳托雷执导的影片《玛莱娜》（又译《西西里的美丽传说》）曾轰动了整个影坛。本文无意介绍其卓越的艺术成就，仅就其中一组主观镜头在语言运用方面作简要分析：图 7-2-5

雷纳多是个 13 岁的男孩，青春萌动的他仿佛"暗恋"着心目中的美丽女神——拉丁语教师的女儿玛莱娜。他如影随形地跟踪窥视她的生活并希望能给她安慰和帮助，常常来到她独居的小屋前，幻想着自己的偶像打开门，然后招呼他……这天，他带着单筒望远镜偷窥院子里的玛莱娜，她刚洗完头忧郁地躺在椅子上读着丈夫的信，几乎毫无表情的脸上透着无助、惆怅和伤感……这时我们看到单筒望远镜的镜头（也就是雷纳多的主观镜头）从玛莱娜的脚开始慢慢摇摄，沿着腿、身体、面部，然后由头发往下摇，头发还在淌着水珠，镜头继续下摇，赫然出现雷纳多张开嘴巴如饥似渴地接着水滴……

雷纳多渴望着能在玛莱娜身边，主人公的臆想借助这个主观镜头表现得淋漓尽致，其艺术效果确实不同凡响、出类拔萃。

图 7-2-5

四 主观镜头的效果

主观镜头的效果与其镜头自身内在的结构元素及表现方式密切相关。一般说来，镜头结构包括画面和声音以及镜头组接所形成的感觉。因此，我们不妨从视觉效果、听觉效果来作分析。

1. 视觉效果

视觉效果首先要看设计的这个主观镜头里"观"到了些什么？画面是关键！

镜头拍了些什么？怎样表现的？你想告诉观众故事里的人物看见了什么？你希望观众明白啥意思？凡此种种，都应当是主观镜头视觉效果所关注的。

（1）景别

主观镜头景别大小也就是故事里的人物观察范围的大小。因此，大景别可理解为一眼望去大片景象尽收眼底，小景别可理解为人物视线集中投在某一局部。

（2）运动

主观镜头是固定还是运动也有讲究。固定拍摄表示人物凝神注目、仔细观察；若是运动拍摄，那么镜头运动的路径恰好表示人物视线的走向。例如：左右往复摇摄，可表示此人目光来回"一扫"；推摄，则表示人物在此处发现了什么，目标渐渐集中到这里；假如镜头无规则地摇晃着，那么可能正是一个伤（病）者脚步踉踉跄跄所形成的眼前状况……

（3）焦点

正常情况下拍摄，画面焦点必须聚实，一般说来主观镜头也应如此。有时故意虚化焦点，那必定是事出有因、别有用意。比如：你正想表现一个醉汉的眼神，所谓醉眼蒙眬，或者人物神思恍惚、睡眼迷离以及雾里看花等意境。虚化焦点也可用于"转场"，表示回忆、幻觉等特殊状态。

至于偶尔"玩"一下变换焦点，自然未尝不可，虚实转化过程的画面效果十分别致，也很有趣。焦点变换则表示人物观察的具体对象（画面内部纵深间远近事物）在起变化，目光的注意点由此及彼或由彼及此。

这些表现手法及其视觉效果应当合乎故事情节和情感表达的需要，合理合情方为合适。

（4）色彩

张艺谋执导、顾长卫摄影的获奖作品《红高粱》在影片色彩上下大功夫做文章，影片结尾那摄人心魄的镜头——"我爷爷"的主观镜头："我奶奶"被鬼子射杀，"我爷爷"与众好汉们抱起土炸弹冲向敌阵……此后，他满眼望去——竟是一片"血红"！

血红血红的太阳……

血红血红的高粱在风中摇曳，傲然不倒……

（镜头伴着沉闷的咚咚声，撕心裂肺的唢呐声！）

加上儿歌的呐喊：娘——娘——上西南……

图 7-2-6

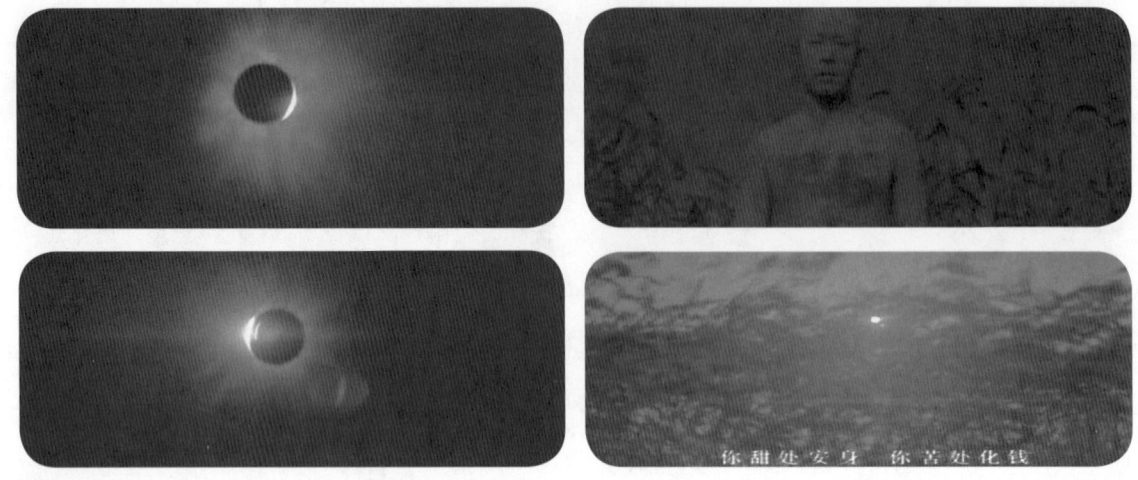

图 7-2-6

2. 听觉效果

声音属于镜头结构中的一个重要元素,是画面语言的不可忽略的组成部分。影像的声音包括现场声(同期声)、后期配音、音乐、效果声等等。如果我们在观赏精美画面的同时能欣赏到贴切的优美音乐,无疑是一种莫大的精神享受。要着重阐述的是:主观镜头对声音的处理,其中有一种特殊情形——"无声"。

"无声"其实也是一种声——声音为0,这个0是有其实际意义的,它的镜头语言表示:人物听不出声音。本文开头阐明主观镜头包含人物的主观感受,有时候分明有声音人物却感觉不到。用"无声"来强调人物内心的这种非常感受,往往不是仅仅为了"写实",而是注重于"抒情"。

无声所体现的是一种意境,一种心理氛围,一种情感升华。在特定的境况下,"无声"乃是一种十分高明的表现手段,具有强烈的艺术感染力!寂静中蕴涵着心潮澎湃、波涛汹涌,为情感宣泄预留余地,也给观众创造无限的想象空间。白居易《琵琶行》中的名句说得好:"别有幽愁暗恨生,此时无声胜有声。"

日本电影《砂器》30年前曾在我国上映,反响十分强烈,片中有一组主观镜头就是用"无声"来表达主人公复杂而又特殊的内心世界。影片艺术效果非同寻常,感人至深,令人历久难忘。图7-2-7

作曲家和贺英良出身贫苦,他的父亲身患麻风病,父子俩曾相依为命度过艰难岁月,他深爱着父亲。如今已跻身于上流社会的他,深感一旦暴露自己的身世必定会断送前程。他无法摆脱这父与子的"宿命",这无形的强大力量在支配着他的人生命运。他竟杀害了当年的恩人……

他创作了钢琴协奏曲——《宿命》,把自己对父亲的爱寄托于作品中,倾尽心力演奏乐曲并在音乐中与父亲"相会"。演奏完毕,全场掌声如潮经久不息,但是深陷在"宿命"意境中不能自拔的他全然不觉……这时候影片切分出一组主观镜头与人物镜头对应,多次反复强调,而他却恍恍惚惚感觉好像周围一片寂静。许久许久才慢慢"恢复"听觉……

和贺英良疲惫不堪地沉浸在音乐中 (无声)

观众热烈鼓掌祝贺(无声)

和贺英良神情茫然,呆若木鸡听不到任何声响(无声)

乐手们敲击乐器致敬(无声)

和贺英良仿佛独自置身于真空之中,旁若无人(无声)

许久之后现场掌声渐渐响起……

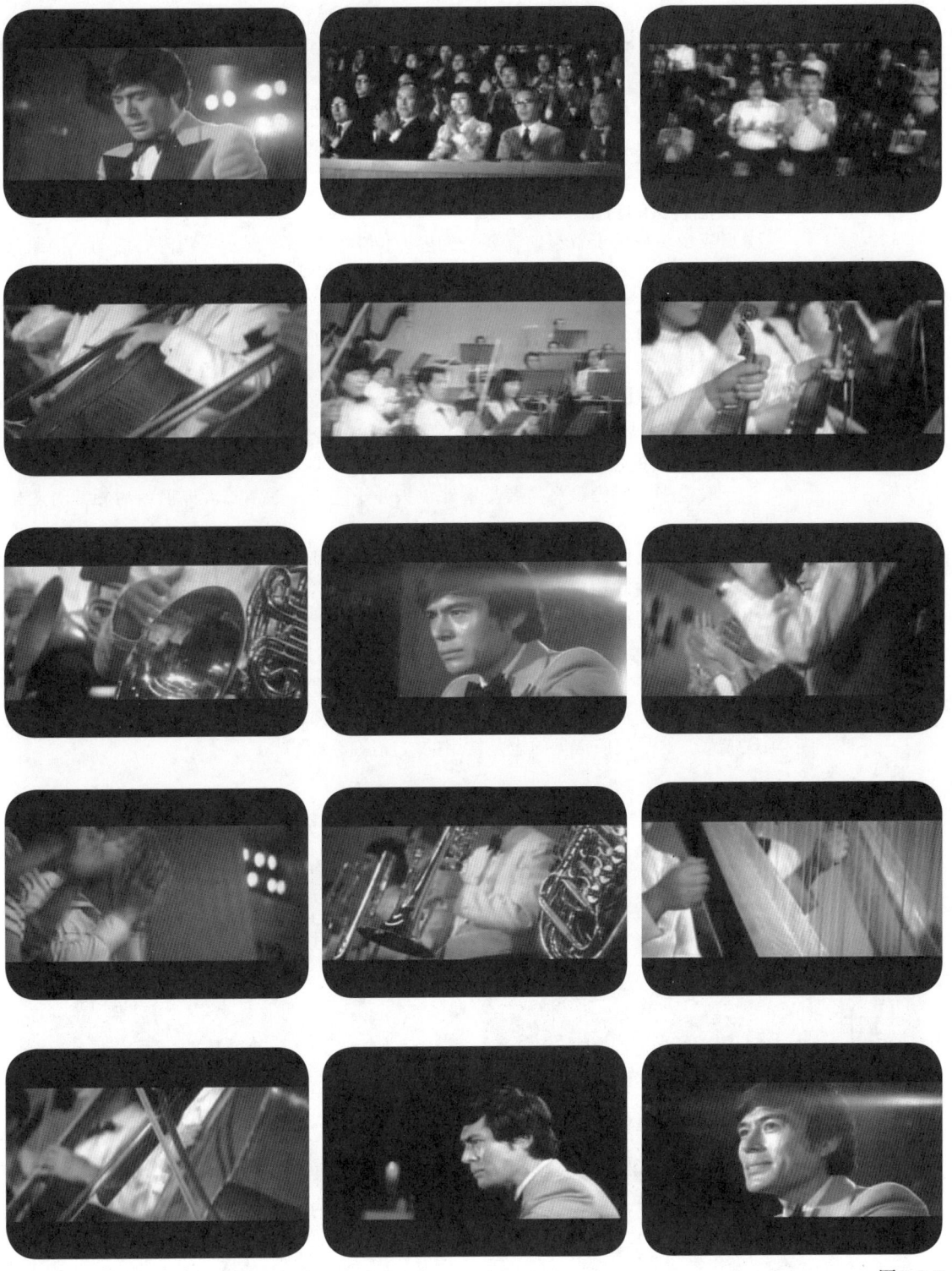

图 7-2-7

第三节 反应镜头

反应镜头是影视镜头语言的一种形式，顾名思义是表现人物对某事件作出相应反应的镜头，本质上它归属于叙事镜头。

一 反应镜头的特征

反应镜头是由于叙事的需要，为多方位丰富情节，展示人物内心活动、描绘其情感流露并强调所显现的行为状态，从而对叙事镜头进行细化分类的产物。

反应镜头表现相应人物的眼神特征、面部表情或肢体动作以及相关细节等，它与叙述的事件镜头相互照应并交代这些反应的缘由，达成特定的内在联系。

反应镜头通过画面中人物的外在表现来反映人物的内心活动和情绪，反应镜头必须与所叙述的情节紧密联系。

二 反应镜头的应用

一般说来，反应镜头需要与事件镜头并举运用，通常二者或前或后相继对应出现。

就某情节片段而言，反应镜头说的是结果，那么凡事皆应有其原因，于是它与事件镜头相互关联构成"因为……所以……"或者"之所以……是因为……"句型的语法关系，就较为合乎人们惯常的逻辑思维方式。

比如：足球场上前锋射门，球擦立柱而出，球迷们扼腕叹息的表情动作和感叹声；小女孩受惊吓并发出尖叫声，原来是她看到面前有毛毛虫；某人讲述着凄婉的故事，听者感动得潸然泪下……诸如此类，既有因又有果，来龙去脉明白交代，前呼后应顺理成章。这是我们常见的也是常用的"反应镜头"。

图 7-3-1

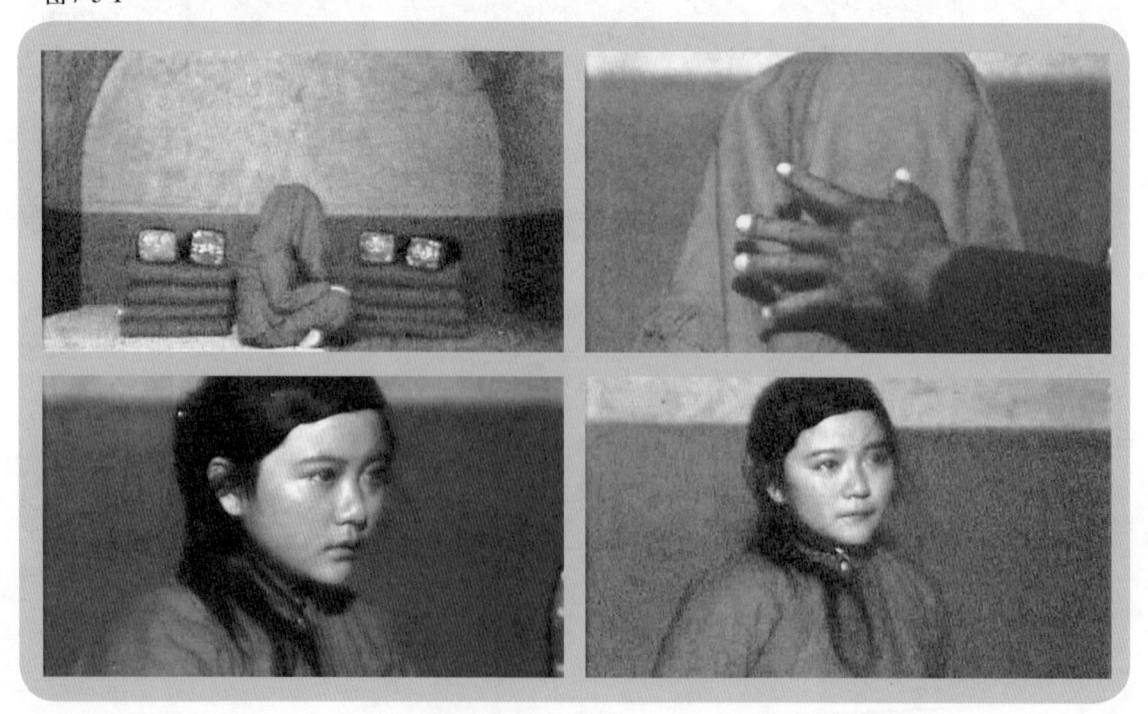

在影视作品中巧妙地设计和运用反应镜头对推动故事情节发展、抒发人物情感、刻画内心活动、烘托环境氛围乃至升华作品主题具有无可替代的重要作用。

三 反应镜头用例赏析

某些构思精妙的反应镜头往往别开生面、出奇制胜、意味深长，从而令人耳目一新、回味无穷、历久难忘。欣赏品味并学习借鉴其艺术精髓，可获审美享受和创作启示。

例一：由陈凯歌执导、张艺谋摄影的获奖影片《黄土地》中，有一个反应镜头感人肺腑、摄人心魄、催人泪下。图7-3-1

清秀纯朴的翠巧是大西北山区的贫苦农家女孩，生计无着的父亲迫不得已让媒婆给她找了个"人家"。那是个什么人家？那人长啥模样？翠巧从来没见过。他有多大岁数？这孩子也都不知道，观众只见影片画面上老实巴交的老汉正无奈而又凄楚地劝慰着苦命的娃儿："岁数大些好……"

"十四岁提亲十五岁嫁"，一到日子，娃儿被接亲的花轿抬走了……

全景 洞房 翠巧罩着红盖头独坐炕上。

房门被推开的吱呀声，关门声，脚步声。

特写：炕上——罩着红盖头的翠巧，一动不动，鸦雀无声。

一只乌黑粗糙的手伸进画面，伸向翠巧的红盖头，停住，抓起，掀开。

露出低着头的翠巧，头微微抬起，怯生生地看了一眼（画外的）新郎。

翠巧的眼神瞬间由呆滞变成恐惧，身子下意识地慢慢往后退缩。

无助的翠巧，惊恐慌乱的鼻息声、喘气声——短促、细微、颤抖、断断续续……

影片中并未出现那个"岁数大些"的新郎具体的面部形象，给观众看的仅仅是他的"局部"——那只乌黑粗糙的手！到底长啥模样？究竟多大年纪？——始终没明确交代！在我们眼前着力强调的是那刻骨铭心的镜头——翠巧（看到那个人之后）的反应……

画面中那个局部，随着翠巧惊惶的表现，促使观众由此展开"联想"去对它作出补充，尤其令人揪心！我们审视这个反应镜头，虽说它没有语言，却蕴涵着可怜的孩子对命运的呐喊，简直撕心裂肺……影片镜头如此设计，岂不更加发人深思么！

例二：也有只用反应镜头而主体事物根本不出现的例子，作者刻意完全隐去、丝毫不露，单由反应镜头来叙述情节。换句话说，只谈结果，不提原因。这往往用于烘托气氛制造悬念，撩拨观众想看的欲望，越想看就越不给看，因而留下想象空间。

IBM有一则广告片就匠心独具用此绝招玩了一把"深沉"，作品品位不俗，影响甚广。广告创意大致脉络是：IBM即将公开某秘密——嘉宾记者急切地等待结果——揭晓——现场人物的非常反应。镜头设计安排如下：图7-3-2

豪华的大厅里高朋满座济济一堂，远处主席台上显见有一块"红"。

台上 那红色的像是丝绸织物的布，下面覆盖着不知什么秘密武器。

某贵宾风度翩翩、姿态优雅地稳步向台上走去。

在场的宾客们流露着期盼的神情等着揭开谜团……

贵宾在台上一招一式比画一番过后，用手抓住盖着的红绸。

人们全神贯注看着那抓起红绸的手。

红绸被拉扯着，飘然滑动起来。

来宾凝神屏气、目不转睛紧盯着红绸下面，记者们正准备按下快门抢镜头。

拉扯红绸的手，陡然奋力作"潇洒一挥"状……

红绸急速流动倾泻而下。

（短促切换）现场人物面部表情——兴奋异常、欣喜若狂。

照相机闪光灯频频闪烁、亮作一团。

全体来宾轰然起立鼓掌。

热烈鼓掌的人群……

画面叠加广告语："什么使你与众不同——IBM。"

30秒广告片切分出40多个镜头（其中多半为反应镜头）：先作铺垫，不露声色营造神秘氛围，诱导观众情绪，后渐加快节奏，镜头越来越短，切换越来越多，极尽渲染之能事，再加上急促而强劲的音乐推波助澜，叫人紧张得几乎喘不过气来。临了，又故作惊人之举——揭开！是啥？吊足胃口却戛然而止，岔开话头……那些人反应

图 7-3-2

　　如此激动，简直疯了似的，不就是红绸下那个"劳什子"闹的吗？他偏秘而不宣，叫人无从得知。想知道吗？那就玩个轻松的游戏——请观众朋友各自去发挥想象吧，谈笑间"IBM"三个字在你脑子里留下了印记！

　　IBM广告玩的这一招，还真有理论依据，在修辞手法上属于"跳脱"格。著名学者陈望道先生在其所著的《修辞学发凡》中称："语言因为特殊的情境……有时半路断了语路的，名叫跳脱。跳脱在形式上一定是残缺不全或者间断不接的，这在语言上本是一种变态。但若能够用得真合实情实境，却是不完整而有完整以上的情韵，不连接而有连接以上的效力。"

第四节 空镜头

空镜头是影视语言的一种表现形式，它具有丰富的内涵和特定的功能。巧妙运用空镜头能产生精彩的语言效果，有很强的艺术魅力。空镜头不"空"！

镜头语言有多种表现形式，空镜头是其中应用最为广泛的一种。

早些年的电影里凡有英勇牺牲的革命烈士，后面往往紧接着就出现常青松柏高耸的镜头；观众看见蓝天白云阳光明媚的画面，可能会顺着故事情节猜想到这里是解放区；在一群天真烂漫的孩子们后面，镜头经常是花园里花朵绽放等等。上述常青松柏、蓝天白云、绽开的花朵等都是空镜头。

空镜头是指没有主体人物的镜头，通常是风景或某个物体，多为全景或特写。空镜头与故事情节相关，或者与具体细节存在着某种相似相通之处，并且应当与作品主题具有一定的内在联系。

一 空镜头的功能

1. 修辞功能

空镜头具有类似于文字写作的修辞方式。从"修辞格"来分析，构思精巧并恰当运用的空镜头可以产生比喻、夸张、比拟、类比、摹状、示现、对照、映衬、暗示、象征、强调、省略等修辞作用，具有非同寻常的艺术表现力。

例如，常有人用交通信号灯这类空镜头来暗示所叙述事件进程的中止，也有以滴水的龙头、日记本、日历、四季花草等空镜头象征时光的流逝。

2. 描述功能

空镜头常用于烘托气氛、抒发情感、创造意境，具有明显的抒情描述性功能，可拓展无限的想象空间从而使作品主题升华，因此也有人称它为抒情镜头。

3. 调节功能

空镜头在视觉上形成画面之间的隔断，因而具有调整叙事结构、情绪基调和调节观众的视觉感受的功能。它常用做越轴镜头或其他不合常规镜头的过渡组接，也可用于段落之间的转场。

二 空镜头的运用

从创作理念上说，空镜头运用成功的要领在于新颖、巧妙、合理。关键看设计，贵在"想法"，必须精心策划构思！这就要求编导和摄像师对作品主题能整体把握，而且具有驾驭影视语言的综合能力。设计创意新颖的空镜头并巧妙而合理地运用，能产生沁人心脾的艺术感染力，同时也体现出作者的智慧和文化修养。

有一种观点，把虽无主体人物但有其他人的全景镜头，从空镜头范畴中单独划分出来，称为印象镜头。

空镜头由于其特有的语言修辞性功能和特殊的抒情描述性效果，因而特别受到影视艺术家们的青睐。运用空镜头之精妙案例时有所见，试举例分析如下。

图 7-4-1

三　空镜头用例赏析

例一：上海电视台新闻专题栏目《1/7》曾播出过一部专题片《老人坠楼之谜》，讲述的是某小区一对老夫妇在两分钟内相继从同一幢高楼纵身跳下，坠地身亡。老人为什么会选择这种激烈的方式来结束自己的生命？是子女不孝？是邻里不和？还是有更深层的原因？记者通过走访目击者、邻居、居委会干部等作深入调查，试图揭开老人坠楼的谜团……

这部影片在画面上如何表现坠楼事件，显然是必须认真思考、慎重对待的问题，编导将会怎样具体处理镜头呢？我们看到的画面是这样设计安排的：图7-4-1

先用一个主观镜头，机位从阳台快速"移"至栏杆外，垂直向下拍摄。

后紧接一个空镜头，大楼、阳台外两片树叶飘然而下……

从修辞方式来说，这个空镜头所采用的是"摹状"和"示现"手法，它让观众通过想象来解读并引起情感共鸣。这个"诗化"了的空镜头所传达的信息既明白无误又含蓄委婉。它解决了影片画面表现的需要，从中我们看到的是"巧妙"，不由得赞赏作者的聪明才智和艺术功力。再进而细想，它还反映出一种"人文关怀"精神——对他人的尊重乃至对生命尊严的敬畏——作为电视人所应当具备的职业道德操守。

在影片最后，记者着重强调关爱老人，"我们身边还有许许多多饱经沧桑的老人"……画面再次呈现这个空镜头并叠加字幕：

2000年我国进入老龄化社会
上海60岁以上的老年人达……
大楼，阳台外两片树叶飘然坠落。
黑场字幕："关爱老人，从现在开始"
——在这里我们读出了"庄严"！

例二：中央电视台科学教育频道《人物》栏目播出的专题访谈片《红学老人——周汝昌》是一部不同凡响的好片子。无论是人物场景、光影处理、拍摄角度、景别构图还是声画背景等表现

图7-4-2

形式都与众不同、别具特色，尤其是空镜头的运用堪称精妙，耐人寻味。整部影片以周老的访谈自述为主，不时插入相应的画面，如皮影表演、风筝飞舞等等。周老回忆当年日寇占领燕京大学，教师被送往集中营，学生被赶出校园卷起铺盖纷纷而散……当他说到"我又度过六年沦陷痛苦生活"这句话时，屏幕上出现的空镜头是：原先自由翱翔于蓝天的风筝被树枝死死缠住而无奈不得脱身，在寒风中奋力苦苦挣扎……图7-4-2

这个空镜头不禁令人拍案叫绝！影片编导采用"比拟"和"象征"修辞手法来表现，观众则通过联想来理解。铺垫在先照应适时，类比事物别开生面，形象生动意味深长，叙事抒情恰到好处，声画对举相辅相成，真可谓巧思妙想不可多得。

- 最上图：主观镜头表现人物臆想，图片来源：电影《西西里的美丽传说》。
- 下四图：空镜头与故事情节相关，或者与具体细节存在着某种相似相通之处……

- 右图：光的三原色为红、绿、蓝，由此演绎出绚丽多彩的世界。
- 下三图：摄像布光，用光造型。

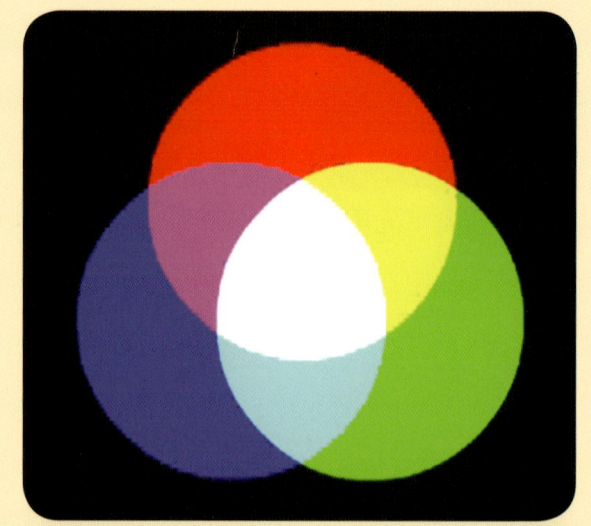

综上所述，镜头语言丰富多彩，本章所介绍的几种，只不过是对它所做的人为划分。划分方法及划分标准不同，可以得出不同的结果。例如一个人的主观镜头，它可以是一个空镜头（他看到的是一朵花、一片云或一座座群山）。而这个空镜头在整个影片故事的叙述中又可归于抒情镜头。

在今年第84届奥斯卡最佳外语片获得者伊朗电影《一次别离》中，镜头语言有精彩的用例。在影片的末尾，面对"古兰经"发誓环节把故事推向高潮，真相大白时刻出现了惊心动魄的一幕：两个小女孩的"反应镜头"，她们四目相对，沉寂无言……

在她俩抬眼凝视，目光对接的瞬间，仿佛周遭一切都冻结成冰。我们只觉得一股凉气直逼心底……

镜头来回切换，反复强调……图7-4-3

这一组反应镜头，也可以理解成互为"主观镜头"：我看到的你，你看到的我；我眼中的你，你眼中的我。

我们审视这组出神入化的反应镜头，她们对视无言，背后却蕴涵着千言万语，镜头中孩子脸上的冷寂，暗藏着内心的激荡。还能说什么呢？孩子心头所承担的，已经太过沉重了！这个年岁的她们怎能担负得起哟……她们各自保守着父母的秘密，一个帮着父亲圆谎，一个为母亲隐瞒真相。有人评述这一组反应镜头说："两个小女孩一同在向她们的童年时代无言地告别，一个残酷的成年仪式完成了。"

镜头语言形式并不是各自孤立的，它们之间往往相互交叉，相互渗透，你中有我、我中有你，难以绝对独立，因此我们对镜头语言应当以文学写作的角度，从文章内涵上整体理解，融会贯通，全面把握。

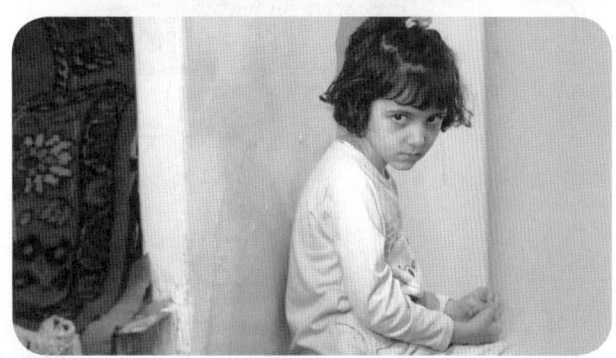

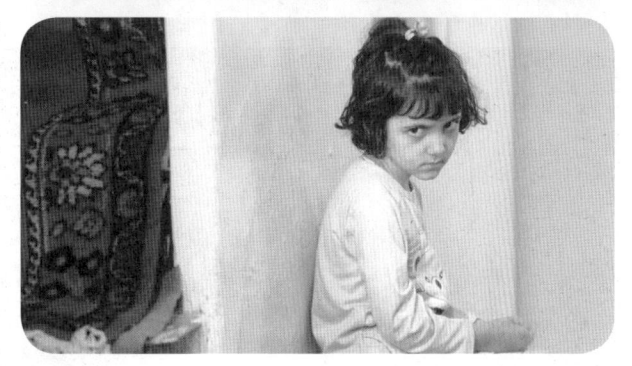

图7-4-3

思考与练习：

· 多看影视，理解镜头语言的地位作用。
· 在影像摄制中运用镜头语言，熟练运用空镜头。
· 试设计反应镜头、主观镜头。

091

第8章 光影色彩

有光才有像，世间万物得以展现，影视图像实际上就是光的动画。
有光才有色，光给我们带来五彩缤纷的世界。
人类生活离不开光。光是摄像的生命。
在影视艺术中，光不仅是照明成像的必要条件，而且是艺术造型的重要手段。

第一节 光的简介

一 可见光

光是宇宙中的一种物质运动形式，光具有波粒二相性，是能引起人视觉的电磁波。

人的肉眼所能看到的光称为"可见光"，可见光只是光的波长范围中很窄的一部分，它的波长仅限于从380～760纳米之间。

波长短于380纳米的称为紫外线，波长长于760纳米的称为红外线。紫外线和红外线人眼不能直接感知，称为"不可见光"。

光源是指能发光的物质，分为自然光和人造光两大类。自然光一般指太阳光，也包括月光、星光；人造光指灯光，也包括火光。

日光光源的特点是离被摄主体很远，它是平行光。

太阳光是最好的光源。

二 光的强度与物体亮度

1. 光源的发光强度

发光强度是指光源所发出的光的强弱，决定了物体在光线照射下反映出来的亮度。亮度是物体表面反射光线的强度值，即物体呈现出来的明暗感觉。

图 8-1-1

2. 光源与物体间的距离

物体离发光体越近越亮，越远越暗。一般说来，在点光源条件下，物体的亮度与光源距物体的距离的平方成反比关系。

在阳光的照射下，由于光源离得太远太远，因此即使物体的位置不同，它们与光源间的距离却几乎没有差异，因而并不会表现出亮度的变化。

3. 物体本身的表面特性

深色物体吸光能力强，透光能力弱；浅色物体吸光能力弱，透光能力强。在同一环境下，深色物体比浅色物体显得暗。

表面光滑的物体可以形成镜面

反射，表面粗糙的物体可以形成漫反射。镜面反射物体显得较亮，漫反射物体显得较暗。图 8-1-1

三　直射光和散射光

1. 直射光

直射光是指光源直接照射，使物体产生清晰投影的光线。直射光光线方向明确，有利于画面造型。直射光表现物体外部轮廓和线条特征，突出物体表面质感。图 8-1-1

直射光能提高画面反差，还便于控制照射范围或创造装饰效果等。是单一的直射光效果生硬，不利于表现柔和的画面。直射光的某些照射角度可能在明亮光洁的物体上产生局部光斑，形成晕光而破坏画面效果。

2. 散射光

散射光是经过某种介质或粗糙反射物形成的柔和光线。散射光方向感不明显，反差小，影调柔和，在被照物体上不会产生明显投影。但是散射光较难反映物体的质感，反差小，画面可能缺乏力度。

散射光照射范围大，场景中物体几乎是平均受光，适合于摄像机拍摄，是普遍使用的照明方法。

四　光照方向

光照方向也称作"光的照射角度"，是指光源位置与拍摄方向之间所形成的照射角度。

光照方向按摄像机的视点为基准分类，与被摄主体的朝向无关。

光照方向以被摄主体为中心时大致可分为：

1. 顺光

顺光，又称正面光，被摄体表面均匀受光，反差小，在人的脸部几乎没有阴影和明显的影调变化，使用比较可靠。但是，顺光有可能使主体显得平淡、呆板，整体画面缺乏活力。

在大场景拍摄中，顺光不利于表现空间层次。

顺光容易造成人物面部反光，影响画面效果。

2. 侧光

侧光会形成受光面、背光面，产生丰富的影调变化，具有较好的造型功能。侧光能突出画面的空间层次，增强表现力度。图 8-1-2

但是，侧光形成的阴影部分层次难以很好地表现，还有可能造成阴阳脸。

3. 顺侧光

顺侧光又称前侧光，介于顺光和侧光之间。运用顺侧光照明，被摄体表面明暗关系正常，具有丰富的影调变化。

图 8-1-2

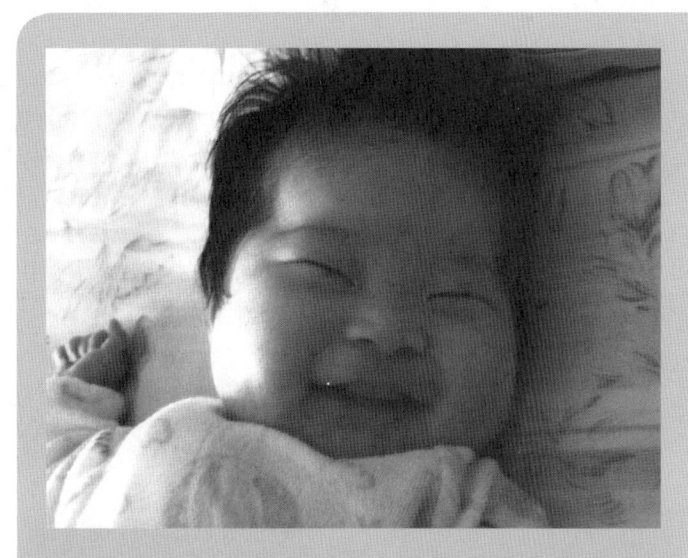

图 8-1-3

顺侧光是最常用的摄像照明光线。图 8-1-3

4. 逆光

逆光也叫背面光。在表现大纵深场景时，逆光可以强化空气透视效果，增强画面空间感和立体感。逆光有利于表现透明或半透明物体的质感，如拍摄少女服装纱裙晶莹透亮，层次鲜明，影调丰富。图 8-1-4

但是，逆光可能会使主体曝光不足，拍摄时应注意选深色背景并以主体的亮度作为曝光基准。

5. 侧逆光

侧逆光也称后侧光。侧逆光便于突出被摄对象的轮廓和形态，使之脱离背景而呈现出一定的空间感。

侧逆光适用于表现物体表面的质感，丰富画面影调层次。图 8-1-5

6. 顶光

顶光由于会造成人物面部阴影，往往不太受人欢迎，其实未必不能使用，只要选好位置，顶光下照样可以创作。

在电视演播室，常用散射顶光作为基本光。

7. 其他

光照方向在实际表现中往往呈多种光同时并存，相互作用相互影响。

五　光比

光比是指各种光源之间的亮度比，或者一个物体的亮部与暗部间所受光的照度比。

光比是造型的有效手段：光比大，造型效果强烈；光比小，造型效果柔和。

一般说来，反映欢快场面、刻画刚强性格、表现力度感，应当用大光比；反映柔和性格或妇女儿童的特写时，宜用小光比；为弥补缺陷增加美感，在表现人物时，用大光比表现胖脸型也许能显得略瘦些，用小光比表现瘦脸型有可能显得稍胖些。

光比对画面影调有直接的影响：光比大，反差大，影调强硬；反之，光比小，反差小，影调柔弱。

摄像光比不能太大，通常掌握在 1∶2～1∶4 之间。

图 8-1-4

图 8-1-5

第二节 色温与白平衡

一 色温

1. 色温的概念

色温是光源的重要参数，是光源颜色的一种标志。

从物理学的概念来说，色温是指，以"绝对黑体"（能全部吸收外来辐射，并在所有波长上都能产生最大辐射的物体，如炭、钨等）的温度来表示一个实际光源的光谱成分。在绝对零度（-273摄氏度）下，将绝对黑体逐渐加热，随着温度的升高，绝对黑体的颜色便会发生相应的变化。其颜色变化依次为：黑—红—橙—白—蓝色。

绝对黑体随着温度的升高而表现出的光色特性，就称为光源色温度。

通俗地说，色温就是指彩色物体在不同的光线条件下所呈现的颜色不同，这个光线条件并非指光源亮度，而是光源色温度，简称为"色温"，用K来表示。

2. 日光的色温

太阳光有明显的色温变化，不同时段的照射效果表现得不一样。

以我国纬度中部地区春秋季太阳光在一天中不同时间的变化，大致可分为四个时段：

（1）黎明和傍晚

这两段时间的光线不适宜表现景物的细部层次，但适合于拍摄剪影效果，表现出明显的时间特征。

这时光线色温较低，约为1800K左右。

（2）清晨和黄昏

这两段时间的光线柔和，在被照射物体上形成丰富的影调变化，景物色彩细腻，尤其侧逆光能勾勒出金色轮廓，影调显得十分温馨。

这时光线色温约在2300～4500K之间。

（3）上午和下午（8:00～11:00，13:00～16:00）。

这两段时间太阳处于合适的位置，景物形成正常的空间关系、立体形态和表面结构。这时是外景自然光的主要创作时间。

这两段时间光线色温稳定，约为5400～5600K，也称作"标准日光色温"。

在标准色温光线照射下，物体色彩最鲜明、最真实，画面色彩还原最准确。

（4）正午（11:00～13:00）

正午光线强烈、生硬，影调变化小，投影最短，难以表现物体的空间关系。

正午的光线照射下形成强烈反差，阴影部分表现不足。图8-2-1

正午阳光色温可达6300K。

3. 天气影响色温

天气对色温的影响很大：

薄云遮日，色温大约在6800～7000K上下；图8-2-2

阴天色温偏高，可能达7500～8400K；

晴朗无云的蓝天，色温竟可高达13000～27000K；

室内漫散射阳光色温也略偏高，大约在5500～7000K左右。

图8-2-1

图 8-2-2

图 8-2-3

4. 灯光的色温

灯光的色温更为多种多样，摘其要者记录于下：

标准蜡烛光 1900K；

家用钨丝白炽灯 2600～2900K；

家用日光灯 6000～7000K；

石英溴钨灯（标准新闻灯）3200K，也称"标准灯光色温"；

镝灯模拟日光色温 5000～6000K，是专业影视灯光。

二 白平衡

1. 白平衡的定义

为了保证色彩准确还原，在拍摄纯白色物体时应当使摄像机输出的红（R）、绿（G）、蓝（B）三路电信号按其固有规律标准搭配，为此而对摄像机所作的调整称为白平衡调整。白平衡（WHITE BALANCE）的缩写为 WB。图 8-2-2

2. 白平衡的表现

人的肉眼对光的颜色有很高的适应性，无论是阳光还是灯光，无论是日光灯还是白炽灯，在人眼看来都会觉得是白光。但摄像机对光源色温的记录是绝对客观的，不同光源的色温效果在屏幕上表现得十分明显。

有时候画面图像颜色偏蓝，连人脸都呈蓝色，阴森可怖；有时图像颜色偏红，人脸简直像喝醉了酒似的，这就是没有调整好白平衡所造成的后果。图 8-2-3

光源色温高于摄像机白平衡，所摄景物的色彩偏蓝；光源色温低于摄像机白平衡，所摄景物的色彩偏红。

假如我们在室内灯光条件下拍摄，色彩还原准确（即白平衡已调准）的话，换到室外太阳光下拍摄，图像颜色就会偏蓝。反之，由室外换到室内，颜色则偏红。

同为室内，在普通电灯光下如果色彩还原准确，换到日光灯下拍摄，颜色也许会偏绿。

3. 白平衡功能装置

不同档次的摄像机，白平衡功能装置的配备是不同的。

档次低的摄像机往往只有自动白平衡，不能任由人随意调整。

有些摄像机除自动功能以外，还设置"室内、室外"两档供选择，它们分别大致平衡于灯光和日光的色温；新型摄像机白平衡不但有自动，还设置有手动调整。

高档的专业级或广播级摄像机白平衡功能装置比较完备，能满足各种色温条件下的拍摄。

4. 白平衡调整方式

（1）自动白平衡调整

自动白平衡操作十分简单，只要将它设在自动挡，摄像机便能自动做出调整。家用摄像机都有自动白平衡装置，在正常的光照条件下拍摄可以采用自动方式，WB 设定在 AUTO 位置。

但是自动白平衡对色彩的反应比较迟钝，所做的调整显得粗略，有时模棱两可，难以达到十分精确。

（2）手动白平衡调整

手动白平衡调整的操作步骤是：将摄像机对准用于校白的标准白卡纸（专业色谱本有各种不同的"白"供选用）并使其充满画面，按下白平衡调整钮，待寻像器内出现相应提示，即白平衡调整完毕。

假如没有标准白卡纸，普通白纸、白布或白墙乃至任何白色物体均可代用，仅仅"白"的精度略异而已。

某些摄像机（家用级居多）的镜头盖设计成白色，就是供调整白平衡用。

摄像机对白平衡有一定时间的记忆能力，拍摄现场光照条件若相同，那么可以不必重新调整。

如果拍摄环境的光照条件发生明显变化，必须采用手动白平衡方式分别调整后拍摄。

5. 白平衡原理的运用

利用白平衡调整原理可以人为营造特殊效果，制造画面的不同色彩，从而创建整个影片的色彩基调，丰富影像的表现手段，体现作者的艺术风格。

比如设法改变摄像机的白平衡标准：

用于校白的白纸本身颜色略偏品红（俗称洋红），对着它调整白平衡，所拍摄的色彩则偏绿；校白的白纸偏蓝，则拍摄的色彩偏黄；对着偏青色的白纸校白，则所摄色彩偏红。这样就可以按作者的意愿创作影像作品，得到不同影调的画面效果。

利用白色平衡调整原理，可以在白天营造"模拟夜景"，此法也称作"夜景日拍"法。图8-2-4

有人把朱自清先生的名篇《荷塘月色》拍成散文电视短片，采用的摄制方法就是"夜景日拍"法。作品格调高雅，画面色彩基调略带清丽的浅浅的蓝色，显示出素净淡雅而又朦胧迷离的美感，表现了深邃幽远的意境。

图 8-2-4

第三节 摄像用光

一 控制曝光

1. 自动曝光

摄像机都有自动曝光功能，自动功能对所摄取的画面光照情况作平均测算，确定曝光值，选择一个合适的光圈。

在光照条件比较均匀的情况下拍摄，景物明亮、图像色彩鲜艳，自动曝光确实显示了它的优势，省却了许多麻烦，给拍摄工作带来了方便。

在光照条件不均匀时，例如在室内自然光拍摄，人物背后是窗户，背景十分明亮，这时拍出来的人物脸部阴暗甚至乌黑；或者在剧场里拍摄明亮的舞台，人在亮处而周围环境较暗，拍出来的人物脸部简直成了花白一团。图8-3-1

自动曝光还受到现场环境的影响，例如在镜头前有深色或浅色物体介入，自动曝光功能会重新进行测算并改变曝光值，从而造成画面的明暗变化。

2. 手动曝光

稍高档的摄像机有手动曝光装置，可以人为控制曝光。

在光比较大的情况下，应确保主体曝光准确，在一个镜头之内亮部、暗部不可能同时兼顾。比如拍摄元宵灯会，要表现的首先是灯，那么就以灯的亮度为准控制曝光。图8-3-2

现场拍摄时为获得较准确曝光，应掌握以下方法：

（1）调整景别、改变拍摄角度

在室内拍摄应尽可能避开门窗等明亮背景，以免主体人物脸部曝光不足而导致图像变黑（掌握此原理，可应用于需要隐去面部形象的人物拍摄）。不能避开门窗的，可采用小景别使主体人物占据画面较大面积，这样自动曝光功能所选取的曝光值，基本接近主体人物的实际光照情况。

变换机位改变拍摄角度，让门窗占画面较小面积，从而使曝光值尽可能接近准确。

白天在室外拍摄人物，应避免背景太亮，比如大片天空、反光的河水等。夜间拍摄应避开直射镜头的灯光。

（2）运用逆光补偿或手动选择光圈

摄像机一般都设置有逆光补偿功能（BACKLIGHT）装置，按动这个钮，可以增加曝光量。

较高级的摄像机有光圈选择装置，可以增加曝光量，也可以减少曝光量。

背景亮、人物暗，可采用增加曝光量的方法拍摄，或给人物补光提高人物亮度。

背景暗、人物亮，可采用减少曝光量的方法拍摄，或者给背景补光提高背景亮度。

（3）使用滤光片

广播级或专业级摄像机均设有滤光片，如5600K+1/8ND（中灰）用于室外太阳光过强的情况下拍摄，必然增大3级光圈。有的摄像机设有两档滤光片ND1和ND2，分别为照度的1/4和1/32，即相应地要变动2级光圈和5级光圈。还有某些新型摄像机设置1/4、1/16和1/64等多档灰片，更有利于满足各种光线条件和不同创作要求的拍摄。

（4）利用斑马纹装置

有些摄像机还设有斑马纹（ZEBRA）指示装置，用于判断主体曝光是否准确。被摄物体亮度超过了

图8-3-1

一定电平值的图像部分得以显示，由此可以检查被摄物体亮度。摄像机斑纹指示电平设定为70%，拍摄时测光对象通常选人物脸部，采用手动方式调整曝光以便得到所需要的图像亮度。

（5）运用增益功能

有的摄像机还设有增益（GAIN）装置，一般增益值在 0dB ~ 18dB（也有21dB）之间，在光照极暗的环境下拍摄，可用来增加画面图像亮度。增益值每提高 6dB 大约相当于增大 1 级光圈。

增益功能务必慎用，它往往以牺牲图像质量的某些指标为代价。拍摄中如遇光照较暗，设法改善拍摄现场的照明条件（如开窗，增加灯光照明，用反光板等）当为首选。

图 8-3-2

使画面呈现斑斓绮丽的光环或光束，具有特别的美感。电影《非诚勿扰2》在长城上的一组镜头就采用冲光法来拍摄，冯小刚导演还专门把它制作为片头。图 8-3-3

3. 慎用室内自然光

室内自然光拍摄，由于光源来自室外，形成直射或漫反射，人们光照情况复杂许多。随着离门窗的距离增加，不但光线亮度迅速衰减，而且色温也会因环境而变化。这时应当以人物面部亮度为曝光标准，采用手动方式拍摄。图 8-3-4

二　用光要领

1. 多用正面光、散射光

室外阳光下拍摄多选用正面光，这样所摄的图像清晰明亮，色彩鲜艳。

在阴影处或散射光条件下拍摄，人物受光均匀，明暗适中，质感柔和。

摄像布光，一般要求均匀。室内拍摄如果只有一个灯光照明，可将灯光照射屋顶或墙壁，形成漫反射的散射光。

散射光均匀柔和，初学摄像宜多采用。

2. 巧用后侧光和逆光

后侧光能勾画轮廓，增强立体感和纵深感，还能营造玲珑剔透的感觉。用后侧光拍摄水面景物，能使水波增强质感或出现光斑，粼粼波光产生闪烁迷离的意境。

逆光可以形成剪影效果，须注意借助主体或景物遮挡（或局部遮挡）光源。

有时为了创作的需要，可以人为制造炫光，

三　灯光照明

灯光照明既具有技术性，又具有艺术性。从技术层面上说，用光以满足照射在物体上的亮度为目的，使场景环境获得足够的亮度；而更重要的是通过精致布光，完成对人物形象的塑造和描绘，表现作品的艺术意境。

专业照明灯具大致分为聚光灯系列、散光灯系列和回光灯系列。一般说来，最常用的摄像照明灯

图 8-3-3

图 8-3-4

具是新闻灯，它携带较为方便。

聚光灯光线以接近平行光的形式照射，光照均匀又比较柔和，可以通过调节而发散或汇聚，对照射范围进行控制。聚光灯光线能较好地表现主体的轮廓和质感，它稳定性较好，在演播室使用较多。

散光灯光线经过反光碗后形成散射效果，光线柔和，阴影并不浓重。散光灯光线表现的影调丰富，适合作为辅助光或场景基本光。常用的新闻灯或便携式蓄电池电瓶灯就属于散光灯系列。

回光灯光线较硬，因距离而衰减变化较小，常被用于模拟太阳以及制造物体的投影。

四　人工光的分类

根据光线在画面造型中的不同作用，通常把造型光分为主光、辅助光、环境光、轮廓光、眼神光、修饰光等。图 8-3-5

1. 主光

主光又称为塑形光，是塑造人物形象的主要光线。它直接影响到被摄主体的形态以及画面的基调和风格。

作用：介绍场景、表现环境、反映内容；
　　　描绘主体的形状、轮廓和质感，塑造人物形象，刻画人物性格；
　　　构成画面的影调效果。

注意：主光与其他光线的配合，表现空间层次。

2. 辅助光

辅助光又称为副光、辅光，是帮助主光造型、弥补主光不足、平衡画面亮度的光线。辅助光一般是无阴影的软光。

作用：减弱主光产生的阴影，降低被摄主体的反差，表现物体的暗部结构；
　　　帮助主光塑造人物形象，刻画人物性格；
　　　起到调整场景影调，均衡亮度的作用。

注意：在布光时辅助光必须以主光为基准，不能超过主光，不能干扰主光光效。

3. 轮廓光

轮廓光是在被摄主体后上方照射，使主体边缘产生明亮轮廓的光线。

作用：勾画和凸显主体富有表现力的轮廓，具有装饰性；
　　　利用明亮的轮廓线条突出主体，拉开主体与环境背景的距离；
　　　产生一定的空间深度，表现出层次感。

注意：轮廓光的亮度可以超过主光，但应当注意轮廓光的照射角度，不能破坏主光光效。

4. 背景光

背景光又叫环境光，是专门对环境背景照明的光线。

作用：照亮背景，表现场景内容和空间结构；

控制环境影调，形成与主体影调的差别，突出主体；

表现具有特点的背景环境，起到烘托主体、表达情绪的作用。

注意：背景光必须简洁，不能出现复杂光效和过多阴影，不得影响主光效果。

5. 修饰光

修饰光是指用以修饰被摄主体或场景中某些局部，弥补主光和其他光线的不足或突出细节的光线。

作用：修饰和突出主体或场景的局部，使画面更加悦目，更富表现力；

修饰光有突出细部特征、调整画面反差等作用。

注意：需合乎布光的逻辑性，不能显露出人为摆布痕迹。

6. 眼神光

严格说来，眼神光是修饰光的一种，是专门用于表现人物眼神的特殊光线。

作用：使人物目光有神、更加明亮，显得更有精神、更有活力。

注意：仅在特写或近景时才有明显效果，不要滥用；避免出现过多光斑，反而使人物眼神发散。

五　三点式布光

三点式布光是对人物照明的基本方法。

三点式布光包括对主光、辅助光和轮廓光的处理。这三种光分别承担着不同的造型任务，并相互制约、相互补充，共同实现完整的照明光线效果。

灯光照明是专门的学问，摄像师应当有所了解，在没有灯光师的情况下能自己动手布置并基本上正确应用。

图 8-3-5

第四节 色彩与影调

一 色彩的概念

色彩是万物的基本属性和外在表征，色彩是视觉生理现象，更是人的心理的外化表现。

色彩的物理概念是：白光照射到物体表面，经过物体的吸收和反射而呈现出来的不同视觉感受。

不同的色彩组合，构成了不同的色彩影调，表现出不同的情感特征。

二 色彩的要素

色相、亮度和纯度是色彩的三要素，它们是画面色彩的决定性因素。

1. 色相

色相又称色度、色别，是由于物体吸收和反射色光能力不同而呈现出不同色彩的视觉效果，主要以此区别色彩的明暗、深浅。

自然界中的万物具有千红万紫的色彩，形成五彩缤纷效果的原因，是由于下列因素的不同：各种物体对光的吸收和反射、光线入射和反射的角度、光源的色温和人眼细胞对色彩的生理、心理反应等。

色相是颜色最明显的特征，也是色彩间最主要的差别。

各种色彩都有其一定的色相，如红、绿、蓝、黄、橘黄、品红、紫红等等。

红、橙、黄、绿、青、蓝、紫七色光来源于白光的分解，它们相互间不同的组合形成了不同的颜色特征。

红、绿、蓝为光的三原色。

红、绿、蓝的互补色分别为青、品红、黄。

2. 亮度

亮度又叫明度，是指色彩的明暗深浅程度。它是指同一种颜色由于受光和反光（强弱不同）的作用而形成的明暗程度。不同的色彩也体现亮度的差异。

红色、橙色较鲜明，蓝色、紫色较灰暗。红色在白色的衬托下更醒目，在雪景中红色的服装颜色最"跳"。图 8-4-1

影响亮度的因素有物体的反光率、透光率、表面结构以及光线照度、大气透视等。

我们在实际拍摄时不仅要考虑色别的差异，还要考虑色彩的亮度关系，做到既有色彩的变化，又有影调层次的变化。

专业摄像机的寻像器是黑白的，摄像师以此来判断和表现色彩亮度关系。在实际应用中掌握并采用合适的色彩亮度，能获得较好的画面效果。

3. 纯度

纯度也称色彩饱和度，是指色彩的纯净饱和程度或色彩的鲜艳程度。

在色彩中包含的黑、白、灰成分越多，色彩就越不鲜艳越不饱和；反之，如果包含的黑、白、灰成分越少，色彩就越鲜艳越饱和。

两种不同颜色混合，纯度就会明显变化，产生不纯正的浑浊的感觉。纯正的色彩，让人感觉鲜明、夺目、生动、活泼，在视觉上造成较强的刺激。

在明媚阳光照射下的物体，色彩纯正鲜艳。自然环境未遭污染，空气清爽洁净，阳光不受干扰，色彩纯度更高。

在实际处理色彩饱和度时，应当在再现客观色彩的

图 8-4-1

基础上与影片的风格样式相融合，形成整体的艺术效果，还需根据作品题材、内容对象等因素考虑色彩的创作定位。

例如，儿童类题材就应按其视觉生理特点和心理特点采用高纯度的色彩，营造出活泼、明快的花花绿绿的环境氛围，可以引起儿童的观看兴趣；而采用低纯度的色彩，则往往能反映宁静、平稳或郁闷、压抑的心理感觉。

三　影响色彩的因素

1. 固有色

由于物体表面对色光的吸收与反射各有不同，形成了物体的特有色彩。在白光照射下，物体表现出来的颜色是固有色。固有色代表了物体自身本来的属性，是物体相对稳定的颜色。

例如，蓝色物体是将白光中的红、橙、黄、绿、青、紫六种色光基本吸收，而将蓝色光反射出来的结果。

2. 光源色

光源色是指光源本身的色彩倾向。

光源色会影响物体的颜色，当不同光源照射同一物体时，会使物体产生不同的色彩变化。例如，白色物体在红光照射下呈现出红色，在绿光照射下呈现出绿色；红色物体在黄光照射下呈橙色，在蓝光照射下则接近于黑色。

同一物体在日光和灯光照射下所呈现的颜色不同，即便同为阳光照射，在清晨和中午的颜色也会有差异。

光源色在色彩关系中占有支配地位，物体受光之后的色彩表现在很大程度上是由光源色决定的。

3. 环境色

环境色是指物体所处环境的色彩。

物体的色彩受周围环境色的影响是十分鲜明而突出的，如在红墙附近，物体受墙的颜色反射而偏向红色。

唐诗中有这样的佳句"人面桃花相映红"（崔护《题都城南庄》），表现的正是这种意境。人面之"红"与桃花之"红"交相辉映，艳丽的少女在桃花的映衬下，更显出光彩照人的面影，自然越发妩媚动人。图8-4-2

一般说来，摄像要求色彩真实还原，不过也常利用"环境色"进行创作。环境色对气氛的渲染起到极大的作用，是重要的艺术表现手段。图8-4-3

四　色彩的冷暖

色彩具有能够引起人们情绪变化心理效应的属性。人们对色彩的认知和感觉中，最重要的也许就是色彩的冷暖感。

冷、暖原本属于人们日常生活中形成的温度经验。色彩的冷暖是指不同色相的色彩造成或冷或暖的不同感觉。红、绿、蓝三种颜色，在人们的视觉心理上分别诱发了暖、温、冷的感受。

通常我们将红、橙、黄、绿、青、蓝、紫七色光分为三个色感区域：

图8-4-2

1. 冷色调

冷色调包括青、蓝色。

冷色调往往使人联想到蓝天、大海、冰雪等，给人以庄严、幽雅、深远和安详的气氛，视觉感受是清冷沉静的。

较暗的冷色调，可以表现出神秘、阴森的画面气氛；较亮的冷色调，有时用于表现科幻或时间概念。

2. 暖色调

暖色调包括红、橙色。

暖色调通常使人联想到太阳与火，视觉感受是温暖热烈的，具有亲切感；在空间和距离上，暖色调表现出扩大感和前进感，能吸引观众注意。纯度较低的暖色调，可能会让人产生怀旧的感觉。

暖色调如果运用得当，画面具有强烈的感染力，表现出向上的精神和饱满的情绪，给人以鼓舞与力量。

3. 温色调

温色调包括黄、绿色，介于冷暖之间。

色彩的冷暖，造成不同的心理效应。

色彩冷暖的处理是渲染气氛、表达情感的重要手段。

图 8-4-3

五　色彩的搭配

不同组合的色彩搭配形成了画面不同的造型特点和风格特征。

1. 同种色搭配

同种色搭配就是将有不同深浅的某种颜色放在一起，仅靠它们的纯度不同和亮度变化引起视觉的差异。同种色搭配是单一色相间的变化，不存在对比，易于协调。画面效果单纯、稳定、温和，是统一性很高的搭配。

2. 类似色搭配

光谱上相邻的颜色称为类似色，类似色搭配比同种色搭配增加了色相的变化。由于色相之间有相似因素，所以类似色搭配既调和又有变化。画面和谐统一，既具有稳定感又有一定的对比，表现出丰富而活跃的视觉效果。

类似色搭配表现适中，符合人们的观察习惯，是多数作品常用的方法。

3. 对比色搭配

对比色搭配是指完全不包含任何相似因素的颜色之间的搭配，它往往把色别相反、纯度又较高的色彩安排在同一画面中。例如红与绿、黄与蓝的搭配。对比色搭配能使画面色彩鲜艳夺目，表现亮丽、活泼、明快的效果，具有强烈的视觉冲突，从而产生兴奋、欣喜的感觉。

但是，对比色搭配要是处理得不好，画面五颜六色就会显得杂乱、刺眼，大红大绿十分俗气。

六　影调

影调是指镜头表现出来的明暗关系，是影像画面的基本元素。

影调在画面造型、烘托场景气氛、表达思想感情、反映创作意图等方面起到重要作用。通过对画面影调的设计和控制，可以创造出悦目的视觉形象，形成或刚或柔，或明快或压抑的画面气氛和情绪基调。

一部完整的作品应该具有主影调，尤其是画面的整体明暗感觉。画面整体影调实质上构成了视觉基调，对人的视觉和心理都可以产生很大的影响。

影像片的影调可以在后期编辑借助电脑做技术性处理。

七 色彩的情感

色彩本身的意义是由其物理学特性决定的，但在人类社会中往往给色彩加上了情感象征意义，这是人们生活实践中审美活动的产物。

色彩的情感象征意义是由于视觉生理效应引起的有倾向性、有意识的思维活动，它形成了对色彩情感的联想和心理暗示。图8-4-4

常见的几种色彩主要具有以下情感象征意义：

1. 红色

红色常使人联想到燃烧的火焰、朝阳、鲜血等形象。红色通常表现热烈、喜庆、兴奋、健康、力量、勇敢等。

红色也象征危险、紧急、禁止、战争、愤怒等意义。

2. 黄色

黄色常使人联想到人类赖以生存的土地、收获的秋天、广袤的沙漠、富丽堂皇的宫殿等形象。黄色一般象征信仰、温暖、灿烂、富有、豪华等。

但黄色也传达出哀伤、轻薄、孤独、枯萎、烦躁等意境。

3. 绿色

绿色常使人联想到万物复苏的春天、新生的树叶、茂盛的草地等形象。绿色往往象征快乐、青春、朝气、和平、安全、恬静和希望等。

但也有阴森森的绿色让人感到恐怖、憎恶。

4. 蓝色

蓝色常使人联想到浩瀚的天空、茫茫的大海、寂静的夜光等形象。蓝色通常象征辽阔、清新、宁静、平和、高雅、神秘、未来和无限等意境。

但蓝色也常与忧郁、阴冷、凄凉等感觉有所联系。

5. 紫色

紫色是冷暖的混合色。较深的紫色显示出力量和权力，可以表现严肃、神秘等意义，但有时也显出不稳定的情绪，如幻想、阴暗、悲哀、忧伤等。

稍淡的紫色则象征爱情、高贵、浪漫、优美和恬静等意境。

6. 黑色

黑色可能让人联想到夜晚、恶魔、死亡等。黑色常常用来表现庄严、肃穆、沉静、凝重和神秘等意义。

图8-4-4

有时黑色也带有阴郁、悲哀、绝望、诡秘和恐怖等感情色彩。

7. 白色

白色常使人联想到无垠的冰雪、天鹅、天使等形象。白色是纯洁、典雅、神圣、高尚的象征，给人以洁净、清新的感觉。

但是白色也会传达哀伤、寒冷、凄凉、奸诈或沉痛等意义。

色彩的情感倾向和象征意义，是建立在普遍的视觉规律之上的，应当结合具体的表现内容、表现对象、情节发展以及时代特征、民族习惯、特定环境进行色彩的设计。

同时，色彩的情感象征意义往往又是因人而异的。由于年龄、性别、生活习惯、文化修养的不同，色彩的情感象征意义表现出一定的差异。

八 色彩基调与黑白转换

色彩的基调是指影像片所表现出来的整体色彩构成的总倾向，或者在一个段落中占据主导地位的色调。通常是由一种或相近的几种色彩所形成，它使画面呈现出统一、和谐的色调效果。

图 8-4-5

同一故事内容的色彩基调应当保持稳定，稳定的色彩基调使观众能够更好地感受到作品的主题和情绪特征，以及作者的创作风格。图 8-4-5

在表现故事内容或人物情绪发生变化的情节时，人们偶尔采用黑白画面或黑白彩色转换的方法来表现，反映特别的艺术意境，从而表达作者特定的创作意图。

日前见电视公益广告"赠人玫瑰，手有余香"：画面中送花的小女孩（黑白显示）手持玫瑰（彩色显示），就是黑白—彩色转化的特技，最终使画面完全转呈彩色（暖调效果）。这条广告画面表现十分别致，具有较强的艺术感染力，对表达作品的思想起到很好的烘托作用。图 8-4-6

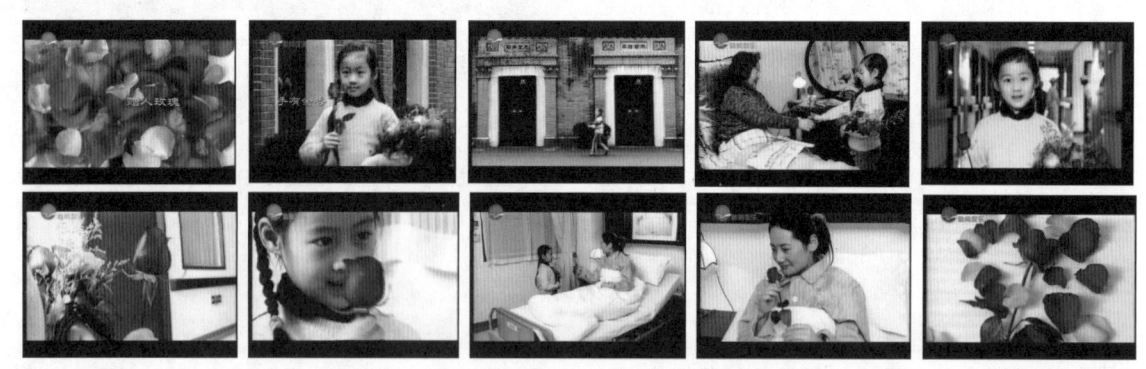

图 8-4-6

思考与练习：

· 在不同色温条件下，熟练掌握手动白平衡调整。
· 试运用色彩的情感拍摄特殊影调的作品。

- 不同光照条件下，合理用光。

- 影调在画面造型、烘托场景气氛、表达思想感情、反映创作意图等方面起到重要作用。

第9章 镜头要素

镜头切分是指在拍摄过程中对现场景物做"切分"，形成一个又一个分镜头的技法。

我们在学习景别构图时已经接触到切分，主要侧重在镜头切分的外在形式，多考虑画面的均衡和完美；本章所述镜头切分注重其内在的内容，关心所叙述的人物和故事。前者讲究美感，这里强调合理。

镜头切分从本质上来说，实际包含了两方面的意思：一是时间概念上对镜头的切断，二是空间上对场景人物的分割。

第一节 时间要素

我们通常所说的一个镜头，是指摄像机从摄录到停录的一段时间内，不间断记录下来的包括光线、色彩、人、物及活动在内的综合体，通俗地说就是摄像机连续拍摄的一段画面。

摄像机连续摄取的时间长度，叫"镜头时间长度"或"镜头时长"。换句话说，只要是"连续摄取"的（无论画面内容有无变化）就算是"一个镜头"。假如在拍摄过程中镜头没有切断，那么即使连续拍了一个小时，也只能算作这"一个镜头"有一小时的长度。

一 镜头时间长度

1. 镜头再现时间

镜头的时间长度是影视的特征，它再现了客观事物活动的时间。在镜头未经切断的这段时间里，画面表现的时间与事实为1∶1，其中的活动是真实的。

切断意味着一个镜头的终结，它界定了这个镜头的时间长度，同时又确定了后一个镜头的起始点，为镜头的组接排列提供了时间里程的路标。

线性发展是时间的基本特性，不同于雕塑、摄影、绘画等视觉艺术，影视的独特之处在于表现出明显的时间流动性。

2. 镜头提炼生活

为了反映客观事实，是不是镜头都得连续拍呢？不！是需要作者提炼生活，把最重要的、最精彩的部分提取出来，记录下来。图9-1-1

我们一再说摄像是用镜头写文章，写文章就

图 9-1-1

图 9-1-2

要有字、词、句段乃至篇章；写文章就要提炼生活，而不是照搬生活"记流水账"。把握镜头切断，核心问题在于理解镜头是影像片的原材料，是写文章的语言。假如摄像仅仅是全盘照实记录的话，那么还要摄像师干什么？装一个"监控探头"不就完事了吗！

3. 镜头创造时间

镜头经切断并通过组接便创造了时间。比如，一个孩子上学去，学校离家一公里，从家到学校他走了 15 分钟，这是现实时间。我们用如下三个镜头（各 3 秒）来表现：出家门，走在路上，进校门，这 9 秒钟镜头时间创造了 15 分钟现实时间。

因此，摄像贵在用镜头创造时间，让镜头时间更简短而内涵更凝练。镜头不单单是客观生活的再现，而是要高于生活概括人物事件。摄像师应善于把握住镜头时间长度，适时切断；然后还须考虑镜头在空间上的分割，形成一个个不同而又相互关联的分镜头，借助镜头排列组合创造出合理的镜头时间。图 9-1-2

二　镜头长度与视觉心理

1. 视觉

视觉是人类基本的感觉功能，通过眼睛获取外部世界信息。观察就是外界客观事物由于光的作用在眼球视网膜成像，经视神经传送到大脑皮层而形成视觉的过程。这不只是纯生理上的过程，还涉及诸多心理方面的因素。

人的视觉经过眼和脑两次高度选择，脑得出的影像并不是完全客观的，而是一种经过人为处理的视像。大脑对视信息有一个"简化和提炼"的主观处理过程，把注意力集中在感兴趣的事物上而忽略掉其他次要信息。

摄像师以自己有意识的观察而得到的画面信息传达给观众，而观众一般是以无意观察的状态来接受的。因此，摄影师应当按照相关视觉心理规律，运用各种方法提高画面信息的传播效率。

2. 心理时间

摄像画面的时间具有三层含义：

一是画面实际占有的时间长度，也就是在屏幕上表现出的画面编辑点之间的时间跨度；

二是画面所表现出的现实时间，屏幕上实际占有的时间长度可能并不完全等同于画面所表现出的现实时间，例如快动作或慢动作镜头；

三是观众观看时的主观感觉的时间，这是心理上的时间，例如看沉闷的镜头，感觉时间特别长，单调的画面会使观众产生视觉疲劳，他们的注意力很容易分散。

摄像师的任务是通过画面传递相对完整的信息，对景物或运动有意识地选择和安排，使信息更凝练更紧凑，画面内容更集中更简洁，既完整地再现了空间场景，明确地展示了事件的发展，又实现了创作思路和作品主题的表达。

影像画面通过平面的画框区域来表现立体的现实空间。

第二节 空间要素

镜头代表了摄像机在空间所占据的位置，由此位置来观察现实空间，并再现这个空间。画面表现出被摄主体的位置，也反映出主体与其他各物体相互之间的空间位置关系。

一　封闭性

1. 框架结构对画面的制约

框架结构是对摄像画面造型的规范和约束，任何一幅画面都是在固定大小的框架内完成造型的。

框架是画面存在的先决条件，决定了画面的呈现方式和观众的审美方式。

框架结构对画面空间起着制约、平衡、间隔、创造等作用。

2. 画框为物体提供坐标

画面框架决定了现实场景的空间位置，为其内部各物体提供了空间"坐标"。观众在观看画面时将各物体与画框边缘进行比较，从而感知物体的相互关系和运动状态。

景别表现出被摄主体在画面中呈现的范围和大小。通过景别切分及其调度，可将对主体产生干扰的物体排斥于画框之外，以引导观众视线，将注意力集中到需要表现的人物、物体或某个局部。观众就是通过镜头所切分的空间来感知场景，认识人物，理解故事的。图9-2-1

3. 画框强调主体特征

画面框架对场景进行取舍时，可以选择需要表现的内容重点，强调主体的形象特征。

框架结构的封闭性，便于多角度更细致地表现主体特征。因此，摄像的任务在于以不同景别从不同角度拍摄镜头，并把若干这样的封闭

画面有理、有序、有目的地组合在一起，共同完成开放性空间的视觉表现。换句话说，就是用多个片段的动作表现完整的活动，用封闭的局部表现开放的整体。

二　开放性

1. 视觉心理的开放

画面框架能对平淡的现实空间进行有效的删减，以精练的画面语言呈现在观众面前。但是，画面框架并不是完全封闭的，观众在视觉心理上的参与想象使它有开放性。

画面框架在创造一个画内空间的同时，也创造了一个未见的画外空间。摄像师利用景别的控制，有意将某些参与表现的景物安排在画外，与画面内部的人物形成呼应，从而将镜头表现的意图借助观众的思维进行延伸而得以实现。某香水广告创意——黄金钻石项链、手链乃至衣裙都可以扔了，唯独身上的香水是我真实的奢华。镜头恰到好处地切分不同景别并巧妙组接作视觉暗示，引导观众想象和联想，画面表现恰如其分、适当得体，其中又融入了广告宣传的意韵。图9-2-2

图9-2-1

图 9-2-2

2. 想象与思维惯性

观众的想象是基于对不同景别中人物活动及其相互位置关系的既定认识，这种认识受到镜头排列的影响，人们通常按照自身固有的经验去想象、推测、判断，因而可能带有主观倾向和思维惯性。

影视剧摄制中有时安排替身演员，就是利用了观众的这种"思维惯性"。凡是不出现（或看不清）人物面部的镜头便可由替身来以假乱真，反过来说，替身的镜头尽量不暴露（或不让观众得以看清）他的脸。镜头排列组合先真后假、有真有假、真真假假……人们接收信息往往又"先入为主"形成思维定式并以此惯性延伸，于是"承前启后"自然而然信以为真……这也正是影视艺术表现手段的独特之处，曾有人说，电影电视"弄虚作假"别具优势。

还有"造假"妙法：利用拍摄角度与景别切分限制观众视线，以避实就虚暗藏玄机，又借助演员动作表情的表演来瞒天过海。例如新版《红楼梦》里宝玉挨打那场戏，据"解梦红楼"花絮揭秘：小演员上半身趴在板凳上，双脚着地……只见他一脸痛苦垂死挣扎，加上贾老爹痛下杀手的架势……那挨板子的"屁股"竟是海绵垫子做的"替身"。观众明知是装模作样不可能真打，却感觉饶有趣味，兴趣在于怎样造的假，造得像不像。图 9-2-3

3. 景别设计与调度

景别的设计与调度，会造成不同的观看距离，反映环境特征，介绍人物活动，推动故事情节发展，引发观众情感共鸣。

美国影片《127小时》获得第83届奥斯卡奖多项提名，包括最佳电影、最佳男主角、最佳剪辑、最佳配乐等。该片讲述某青年假日里独自去大峡谷

图 9-2-3

风景区游览探奇，不幸困于峡谷缝隙，手被山石卡住，最终断臂自救的故事……笔者无意赞扬他在绝境中求生的意志，也无需分析其逃生的智慧，这里仅推介影片中一组镜头的景别设计和运用：旅行途中大全景与中近景流畅地交替切换，既交代了大峡谷鬼斧神工的诡异风光，又表现了主人公热爱大自然、享受生活的精神面貌。图 9-2-4

三 镜头表现运动

镜头表现运动的主要方式有以下三种：
1. 画面内部被摄主体的运动；
2. 画面外部摄像机的运动；
3. 画面之间组接形成的意识运动。

画框使观众的视线局限于屏幕空间之内，而画面中人物运动或画面外摄像机的运动，使屏幕画框向各个方向延伸开去。尤其是人物的"出画"，突破了画框的约束，任由观众思绪去想象。画面组接形成的意识运动更为开放，创造出全方位立体化的无限空间。

四 镜头强调细节

一部影像片要能站立起来，靠的是故事。没有完整的故事，至少得有情节；没有情节，必定有细节。

细节对于作品的成败至关重要，曾有人说过，"细节决定一切"。

镜头的空间切分是借助景别来体现的，凡叙述的重要细节，镜头就应当着重强调，景别通常用大特写。

因此它要求我们对作品深入理解并准确把握重点，在景别的设计上为合乎内容的表达更具准确度，围绕故事内容，抓住情节发展，突出强调细节，从而更加突出主体的特征。高明的镜头设计能反映人物的内心世界，引发特定的情绪。

意大利影片《天堂电影院》故事讲述西西里岛上某小镇"天堂电影院"的老放映员同一个八九岁的孩子（小名"多多"）之间的一段感人故事，反映电影与人的关系，怀念电影给人们精神生活带来的影响……这部影片曾获第 62 届奥斯卡最佳外语片奖，这里仅就片中细节镜头的巧妙设计作简要介绍。

童年就与电影结下不解之缘的多多自青年时期离开家乡去了罗马，如今年近半百的他已成为国际电影界知名的大导演，其间竟从未回过家。阔别 30 年后，当他踏上故乡的土地，眼前的一切变得那么陌生却又如此熟悉，唤起心中儿时的记忆……家里，那位日夜思念着儿子的年迈母亲将作何反应？会有怎样的激动呢？图 9-2-5

近景：老人的双手正在编织毛衣，突然停止不动（似乎感觉到什么）！

特写：妈妈侧过脸专注地（感觉出那正是朝思暮想的儿子）……

图 9-2-4

图 9-2-5

（不由自主地）"是多多，我知道一定是他。"

全景：妈妈随即放下手中编织的毛衣，从沙发上起身匆匆（向镜头外）走去。

近景：一根编织毛线的钢针在沙发边落下，铿然有声，弹跳几下，停住。

特写：沙发上，编织的毛衣因毛线（随妈妈走动）拉扯而被拆解……

（摇摄）窗外，一辆出租车正掉头驶去。

（镜头落幅）小院门口，母子俩紧紧相拥，久久无声。

……

这一组镜头全凭人物反应的动作状态和事物相关细节巧妙而细腻地展现其内心活动和丰富的情感，情节设计取材于生活，毫不夸张，自然可信，表意明确，无须解释且又不用音乐……"钢针落地"这个细节所蕴含的语言也许是无尽的，一切"尽在不言中"，作任何旁白说明显然都是多余的，乃至可能是愚蠢的。毋庸置疑，这沁人心脾的镜头想必会给观众留下不可磨灭的印象。

第三节 声音要素

影像画面由于声音的参与，具有更强的表现力。

新型的摄像机所摄录的镜头，包括视频和音频两部分，二者同步按时间线性发展。一般认为，视频就是通常说的画面，音频是现场同期声。

一 同期声的重要性

在影像艺术表现元素中，声音与画面是同等重要的，它们各自有其独特的作用。在某些特定情况下，声音甚至居于第一重要地位。

现场同期声包含人物语言和环境声。

1. 人物语言

人物语言对某些拍摄内容来说是尤其重要的。例如，对知名人物大段的采访，摄像师应当对被摄人物的语言特别留心，必须监听同期声，不仅要"有"，而且要确保声音质量"好"。反之，如果声音质量不好，即使画面再好恐怕也难保能用。

想要满足人物语言完整的要求，单机拍摄只有一个办法就是连续拍，其间镜头可以运动以改变景别构图。至于画面单调和镜头动的问题，暂且放到后期编辑时通过"插编"（插入空镜头或反应镜头）的方式或采用改变速率的办法去解决。

假如并不要求语言完整，那么也应该注意等到人物讲完一段话，或至少讲完一句话，镜头切在语句间隙中，以实现局部完整。

2. 环境声

有些拍摄内容虽然并没有人物语言，但是现场环境声却十分重要。例如，会展大厅参观人流的现场声，风光片中的鸟语蝉鸣、流水潺潺等，都是不可或缺的。这对于表现特定环境、烘托现场氛围，具有无可替代的功效。

二 力求音质良好

1. 录音话筒的品质

要确保现场同期声的音质效果，那就涉及录音话筒的品质。

某些指向性强的话筒，不但录音质量高，而且使用效果好，它能排除掉相当部分的周围环境杂声的干扰。户外使用话筒需加防风罩，避免风声干扰而影响录音质量。

最近问世的某新型摄录机设置多个阵列式录音话筒，可以实现全方位捕捉声音，立体声的方向性和分离度特别明显。图9-3-1

话筒的优劣十分悬殊，当然价格差异甚大。高档的话筒特别"娇气"，怕碰更怕摔，使用时应倍加小心。

2. 简单实用的办法

没有高档录音话筒，我们可以采用一些简单实用的办法：摄像机离被摄人物稍近一些，或者连接延长线使用外接话筒，那么只要话筒距说话人近些，摄像机离远些也无碍。要是有微型无线话筒（俗称"小蜜蜂"）当然更好。总之，要力求同期声的音质效果良好。

使用外接话筒千万要注意，话筒连线插头多次插拔有可能造成接触不良，必须事先仔细检查、反复调试，确认无误才拍，实拍时一定还要监听。

图9-3-1

第四节 切分要素

一 切分的基本要求

在影像创作中，一切活动都是以镜头为核心的，每一个画面都是镜头最终的外在形态。摄像师按自己的意图和愿望，对客观现实世界作出取舍和安排，并以本人对艺术的理解进行创作。

镜头切分的基本要求大致有四层意思：

首先，现场拍摄反映主题的重要场景人物必须拍到，确保要"有"。某些镜头稍纵即逝，不再重现，没法补拍。

其次，镜头不仅要确保拍到，而且画面规范要符合表达的需要，切断、分割既合适又合理，完成相应的精美到位的镜头，此所谓"优"。

再次，这些到位的镜头，不但花色品种多样，还应当有"足够多"的数量，人们常说的镜头丰富就是要完成大量分镜头。

最后，拍摄这些一个又一个分镜头的"先后顺序"要有初步的筹划，脑子里要有"排列"这些分镜头的想法，使素材片看起来就基本"顺溜"。

切分镜头的基本要求可以用这四个字来概括：有、优、够、溜。

分镜头要求摄像师尽可能在拍摄现场完成，至少应带着可供后期作剪辑的理念来拍摄，确保能剪得出有效分镜头，而不是非得等到后期才去考虑这件事。

可是有的人乱拍一气，全仗着有后期编辑，以为是灵丹妙药能包治百病。他们指望后期编辑时再去切分镜头，似乎拍摄当时大可不必操心。这种想法错了，不是误解便是偷懒或不负责任，万万要不得。

在拍摄现场就考虑组接的需要，把拍摄本身作为编辑过程，此为"现场编辑法"或"实时编辑法"，也叫"无编辑拍摄法"。家庭 DV 爱好者一般不做后期编辑，多半直接看素材，因此有必要在摄录环节多下点功夫。图 9-4-1

总之，这是一种融入编辑理念的摄录技法，有人认为这才是摄录的最高境界。它注重"摄录"的本领，当时就拿下后期编辑所需要的镜头，原始素材基本"到位"，那么后期编辑不仅省时省事，而且可望在此基础之上精雕细刻，使作品更上一个台阶——锦上添花。

其实后期编辑只能做到删繁就简、去粗取精，你的镜头到位，它才有可能让你如愿以偿；假如先天不足，顶多也不过涂脂抹粉、乔装打扮、改头换面，难以脱胎换骨、"重新做人"；若是无米之炊，别指望无中生有"变"出米来。因此可以说后期编辑并不能点石成金、化腐朽为神奇，绝不可能起死回生！

奉劝各位学摄像的朋友：在拍摄时就要考虑到后期编辑的需要，拍到大量不同机位、不同景别的镜头。千万别依赖后期编辑，而应在拍摄环节下功夫多用心思，现场切分镜头才见真功力。

二 切分的具体把握

1. 镜头切断

镜头切断，只要按一下摄录钮，太简单了。

其实，说起来容易做起来难。切莫小看这个似乎极其简单的按钮动作，它反映了摄像者对这个镜

图 9-4-1

头的理解程度和运用能力。

（1）把握摄像要领

简而言之，摄像要领可以概括为"一切三换五要求"。

"一切"，镜头要切断。

"三换"，换对象、换机位（拍摄距离、方向、高度）和换景别。

"五要求"，稳、平、实、美、匀。

初学摄像的朋友常犯的毛病是镜头太长，这种现象十分普遍。他们对镜头长度把握不了，优柔寡断竟不知该在何时切断；也可能由于以为长比短好，因而不舍得切断；更不幸的是其间还似乎不知所以地乱动，用镜头四下里"张望"去寻找拍摄目标。

长则动，动必长，二者是难舍难分的孪生兄弟。

在拍摄现场能把握时间长度，适时地切断镜头，力求做到"行于所当行，止于不可不止"，是摄像师最基本又极重要的能力。

（2）确定镜头长度

一个镜头该拍摄多长时间呢？太短了，没看清，看得不过瘾；太长了，嫌拖沓，招人厌。如何把握？一般说来，可考虑下列因素来确定：

重要的动作或场景镜头长，次要的短。

主体长，陪体短。

观众想看的长，反之则短。

令人费解的内容，镜头可长，一看就懂的可短。

信息量多的镜头时间长，反之则短。

现场情景可能发生变化的，镜头可长；变化不大的，镜头应短。

人物语言重要的，镜头要长；无需保留语言的，镜头可短。

大景别镜头（如全景），镜头应稍长，特写镜头可短。

有特殊编辑需要的（如改变速率做"快动"），镜头应长。

一般说来短镜头比长镜头难拍，摄录时一个镜头通常应掌握在 5～10 秒为宜。一条片子总的镜头数量多而单个镜头时间短，画面丰富、多有变化，才更具可看性和吸引力，这是作品成功的窍门。

2. 镜头分割

初学摄像经常出现这样的情况：拿起摄像机就使用大全景，恨不得把眼前的一切统统收入镜头之内；要不就镜头上下左右摇摄，把所有的人、景、物一个不漏地"扫"进去。有的人对此还"自我感觉良好"，称全都拍到绝无遗漏。回放录像画面，的确事无巨细、包罗万象，虽说一览无余、尽收眼底，却让人过后即忘、不留印象。

（1）化整为零

前些年曾在某杂志上读到过一副对联，越读越有趣味并深受启发。特记之于下，或许对我们学习摄像、理解镜头切分的道理会有所帮助。请看：

上联：嫁得潘家郎　有田有米有水

下联：娶来何氏女　添人添口添丁

这副对联字面对仗工整而且内容含意也不错。说越读越有趣味是在于联语中把"潘"字与"何"字巧妙地拆解开来组成对子，瞧这"潘"字，里面不是有"田"、"米"、"水"吗？而这"何"字，正是由"人、口、丁"三者组成。细细品味，确实有趣！

说到底这副对联是个文字游戏，爱好者自会品味。之所以说读这副对联深受启发，是因为它让人联想到"镜头切分"，拆字分解与镜头取景分割画面的道理有异曲同工之妙。"切分"镜头就同上面对联中把"潘"字分割成田、米、水，"何"字拆解出人、口、丁相似，正是在整体环境中拆解分割出一块一块局部的画面，而这些局部所强调的细节恰恰是镜头叙述故事必须突出的重点。

笔者在摄像教学中多次提到这副对联，读者可以用来作为参考借鉴。

（2）组合表现

摄像者进入拍摄现场，心中必须有一根弦，或者说有清晰明确的创作思路，也就是写文章的思路。

图 9-4-2

头脑里要有"切分"镜头的意识,要围绕主题突出重点、分别轻重缓急次第拍摄,把整体内容通过不同的分镜头组合起来表现。

关键在于"会切分",切分的每个镜头里面"有话说",一个一个镜头说的话连起来就是一段话、一篇文章。

（3）综合运用

掌握镜头切分的具体技法,要领在于切断镜头后做出三换:换被摄对象、换拍摄机位和换画面景别。

首先,最好在镜头切断以后就换一个被摄对象,改变一下拍摄的具体内容。例如甲乙二人下棋,先拍全景,而后分别拍甲乙的近景表情,还可以拍棋盘和手拿棋子的特写。图9-4-2

其次,还要注意换机位,不同的对象应以不同的拍摄距离（远、中或近）,不同的方向（正面、侧面或背面）,不同的高度（平视、俯视或仰视）去表现。

尤其重要的是千万不要忘记换景别。反映场面、交代环境一般可用全景,重要而精彩部分宜用中景、近景等较小景别,最有趣、最应强调的部分当用近景或特写。

3. 运用镜头语言

理解作品思想内涵,合理巧妙地运用镜头语言来设计镜头是最重要的学问。

分镜头可拍摄人物的局部,表现动作细节或表情特征（客观镜头）。

分镜头可拍摄人物观察到的画面（主观镜头）。

分镜头可拍摄画面中人物的反应（反应镜头）。

分镜头可拍摄没有人物的环境（空镜头）。

分镜头可拍摄物体的局部,表现其细部特征。

图9-4-3

总而言之,镜头切分是摄像基础技艺,拍摄过程中能否恰当地运用分镜头理念并且熟练地掌握分镜头技法,是衡量摄像技艺水平高低的重要标准之一。

图9-4-3

思考与练习:

· 反复练习镜头的切和分。
· 把握现场人物语言的镜头切分。

第 10 章 画面组接

画面组接是对镜头所作的"连接"的技艺。

组接注重画面语言的表达，需理解蒙太奇理念、镜头排列的逻辑关系和视觉规则，是影视的真正学问之所在。

第一节 组接概述

视频影像通过屏幕来展示由若干个镜头连接起来的画面，镜头连接的先后顺序是既定的，人们观看影像可能不知不觉中就"被迫"接受了镜头因连接所传达的信息，其中包含作者的意图。

用多个镜头编排起来表达作品的内容，是摄像有别于摄影的显著特征之一。它不同于照片，照片一般是以单幅画面独立地反映其中内容；影像则由于镜头接二连三前后关联，就有可能会产生新的语言含义。例如下面两个镜头：

A. 一个可爱的少女；

B. 一朵美丽的小花。

我们先后看这两张照片，感觉它们分别是各自独立的；影像则不然，当我们在屏幕上依次看到这两个镜头时，可能会把二者联系起来解读，对它的理解也许是：这姑娘长得像朵花似的。

一 画面组接步骤

画面组接基于镜头切分而言，没有切分自然就谈不上组接。

只要拍摄两个以上镜头你就进行了组接活动，不过有的人是下意识地介入，有的人是有意识地参与。

实际上有两个时段在进行着画面组接活动：一是在拍摄过程中，现场镜头切换实质上就在进行组接；二是在拍摄后期进行，这两步同样重要。

在后期进行的组接通常称"后期编辑""剪辑"或"剪接"，由编导和剪辑技术人员负责完成，但是摄像师有必要参与本人相关片子的后期编辑并懂得组接的理念。

1. 现场编辑

摄像师在拍摄过程中进行镜头组接，把后期工作前移到现场第一时间来做。正如前文所说，镜头切分时就考虑到编排的要求，摄录的素材做到"先后顺序"基本"顺溜"。

事实上在拍摄时往往限于现场条件、时间紧迫乃至创作意图等原因，镜头难以面面俱到、称心如意，素材片不可能十全十美，因此后期编辑是有必要的。

2. 后期编辑

拍摄后期进行组接，我们可以一遍又一遍地看画面，反复推敲、斟酌比较、深思熟虑，确定需要的镜头内容和长短，删除多余部分，调整先后顺序以及作必要的技术处理。这样一来，拍摄这一环压力小了许多，摄像师只需确保镜头到位，做到"有、优、够"即可，拍摄现场无须考虑顺序安排，显然轻松多了。

后期编辑属于"二度创作"。有人说"片子是靠剪出来的"，这话虽然有些夸张，从特定角度来看自然有其道理，它强调了编辑工作的重要性。只有到后期，才可能有充裕的时间让我们潜心构思来完成艺术加工，使作品更加完美。图 10-1-1

二 后期编辑方式

后期编辑的方式分两大类型：线性编辑和非线性编辑。

图 10-1-1

1. 线性编辑

线性编辑，也叫"对编"，在模拟时代一直沿用，是传统的编辑方式，目前基本已被淘汰。为了了解编辑方式的演进，有必要作简单介绍。

这种编辑方式，是把前期拍摄的内容按编排的要求由放像机转录到录像机中去。具体是先对"放机"磁带中的画面作出选择、剪辑并依次排列到"录机"的磁带上。

线性编辑有组合编辑和插入编辑两种形式。

（1）组合编辑（ASSEMBLE）

组合编辑时，录像带上视频、音频等（包括控制信号）所有的内容，全部重新录制，原有信息完全被清除。

（2）插入编辑

插入编辑分为视频插入和音频复制两种：

视频插入（VIDEO INSERT）是以新的视频画面取代原有的视频，而保留其音频及控制信号的方法。

音频复制（AUDIO DUB）是保留原来的视频及控制信号，而改变其音频的方法。

线性编辑的排列顺序是具体的、线性的，当排列结果完成以后，不能随意改动，因而它有较大的局限性。况且"对编"通过磁带转换，凡经过一次编辑信号必定有损失，图像质量（清晰度、色彩等）就变得差一些。所以说，它必须走"数字化"道路。

2. 非线性编辑

（1）"非编"是数字化的显著标志

非线性编辑，简称"非编"，也叫"电编"，是20世纪末随着计算机技术的发展而出现的，它是影像与电脑结合的产物，是数字化最显著的标志。

非线性编辑系统采用数字压缩技术把视音频信号存于电脑，电脑可以读取其中任意一帧画面，并对它做出处理。

（2）"非编"的处理方式

"非编"的处理方式是：把摄制的原始素材"采集"（模拟信号进行模/数转换，数字信号直接复制）输入电脑，然后在编辑软件中进行选择、修改、复制、移动并根据需要做出排列组合。这种排列是虚拟的，可以对它任意增、删、换、改，都不会造成图像质量的下降。

如今"非编"软件多样化，功能更齐全，集录、编、音、字、图等多种信息于一台计算机中。图10-1-2

（3）"非编"的优势

"非编"相对于传统的"对编"，它最大的优势在于镜头的排列组合是"非线性"的，完全摆脱排列的限制。

传统"对编"若要在原有排列中删除某镜头，必须补入相等时间长度的镜头；若要添加某镜头，必定覆盖相同时长的镜头。"删除、添加"实际上成了"替换"。而"非编"则可任意增、删、改、移，原有的排列顺序会自动作相应调整：或向前靠拢，或往后顺延。

"非编"给我们引进了"层"的概念，有多条视频轨（一般允许有99条），同时也带来"时间线"、"关键帧"和"不透明度"以及"图像变形"等等相关理念。在这些全新理念指导下，随着"时间线"的流动，可以设计并显现更精彩的视频画面效果。

图10-1-2

第二节 蒙太奇简介

蒙太奇是法文 MONTAGE 的译音，原是建筑学中的词，意为安装、装配、构成、组合等，后来用于电影电视，表示镜头组接的艺术技巧。

蒙太奇原则，也可以理解为编辑的理念，通俗地说蒙太奇就是画面组接的学问。

无论是称画面编辑的"理念"、镜头组接的"规则"还是蒙太奇编辑"原则"等等，从本质上看说的都是影视镜头相互连接的道理。

一　画面组接技巧

画面组接是一门大学问，有其专门的技巧。

画面由于巧妙的组接，形成它们相互之间的语法关联、逻辑关系，产生修辞效果，从而生发出精彩纷呈的镜头语言。

日前在土豆网上播放的第 64 届戛纳电影节最佳影片《生命之树》的预告片，其中镜头的设计和组接均值得玩味。图 10-2-1

图 10-2-1

1. 构成语法关联

画面组接过程是一个构思创作的过程，如同写文章，镜头与镜头由于组接而关联。这种关联因内容和创作的原因而构成并列、承接、递进、因果、条件、转折等语法关系。

2. 形成逻辑关系

两个镜头组接绝不是简单的 1+1=2 ，而是一个创造，所产生的是新的画面语言。

一个个镜头并非孤立的个体，它们相互连接而产生内在的联系，从而形成画面语言的逻辑关系，如全同、主从、交叉、矛盾或对立等关系。

3. 产生修辞效果

镜头与镜头的组接由于逻辑思维的关联推理，使画面表述的意义产生类似于文学作品的修辞效果，如：比喻、象征、夸张、对照、映衬、排比、反复等等。

二 蒙太奇原则核心

蒙太奇编辑原则核心的意思就是：镜头组接须按一定的规律进行，把若干不同的镜头、分镜头或镜头组由作者按既定的创作意图排列组合起来表示某种特殊的意思，巧妙地反映画面内涵从而表达作品主题。

这就是蒙太奇原则的根本理念。

镜头排列组合是通过编辑设备来完成的，熟练地操作编辑设备自然十分重要，然而这绝不等于就此懂得编辑理念。

对编辑设备操作是"硬性"的，最终结果是"能不能"把镜头接起来，属于"会不会"的问题；而画面组接的原则是"软性"的，是脑子里的认识和想法，解决的是"该不该"把这两个镜头接起来，接得"对不对""合适不合适""好不好"乃至是否够得上"巧妙"的问题。前者重技术，后者重理念，属于不同层面的两个问题。

理念往往不为人所重视，殊不知这恰恰体现影视编导的创作思想，是编辑艺术真正的学问，影像编辑艺术的灵魂在于掌握蒙太奇编辑理念。

三 蒙太奇基本分类

蒙太奇原则是一门庞大、复杂、深奥的学问，电影大师、学者们的研究著述浩如烟海。本节所述仅仅为最基本的蒙太奇编辑原理，属于十分浅显的一般规律及技术层面的初步要求。

有人把蒙太奇组接原则分为：叙述性蒙太奇、表现性蒙太奇、主题蒙太奇和镜头内部蒙太奇四大类。

1. 叙述性蒙太奇

叙述性蒙太奇，其主要作用是连贯剧情，保证所叙述的故事连续、贯通、完整。叙述方法大致有：

连续式（顺叙）
颠倒式（倒叙）
平行（交叉）式（并列、对照、错综）
复现式（插叙、反复）
积累式（排比、衬托）

2. 表现性蒙太奇

表现性蒙太奇，其基本功能是发挥修辞作用，使作品给人们带来艺术享受。表现形式主要有：

对比式（包含类比）
隐喻式（包含暗示）
抒情式（包含映衬、借景抒情）
联想式（包含意识流想象）
心理式（包含内心独白）

3. 主题蒙太奇

主题蒙太奇，镜头组接并不要求故事情节的连贯性，着力在画面内涵的思想意义，通常多采用象征、映衬、比拟、反复等艺术手法来强调某特定的主题，凸显其思想性功能。

4. 镜头内部蒙太奇

镜头内部蒙太奇，说白了实质上就是一个长时间的运动镜头，其中精心设计了若干巧妙的转场，形成了未经切断的"镜头组接"，历来也被称作"无技巧转场"。

无技巧转场对摄像师拍摄水平的要求极高，重在安排镜头运动的路径和设计转场方式，技艺必须娴熟精湛。摄像师在拍摄中根据内容、情节和情绪的变化，改变角度距离且调整景别和聚焦，用一个不间断镜头完成所担负的任务，这就需要克服诸如场地、演员、灯光乃至机位调度等困难，利用巧妙的转场使影片看上去一气呵成，体现出高超的蒙太奇组接技巧。

享誉世界的电影大师希区柯克曾采用"无技巧转场"的方式拍摄电影《绳索》，共用8本电影胶片，每本胶片大约为10分钟，当时拍摄中途不停机换片。在影片中利用人物背后遮挡进行转场，用场景中的静物、门、木箱盖等物件来转场，一个长镜头连续把一本胶片用完。该片在"无技巧转场"方式及长镜头运用方面堪称经典范例。

图 10-2-2

图 10-2-2

第三节 视觉规则

一　叙述顺序的逻辑性

影视画面之间的承接性和延续性由后期编辑来完成，组接须体现镜头内容的连贯、逻辑的合理和视觉的流畅。

正如我们说话不能颠三倒四，写文章叙述某一件事情要求条理清楚，同样，摄像画面用镜头语言叙事也应当有先有后才会顺理成章。事物发展有一定的规律，人的活动也有一定的顺序，严格遵循规律、按照叙述顺序来安排镜头合乎人们的逻辑思维方式，因而必须注意组接顺序。

1. 字词顺序的变化

说话、写文章用字、词、句，字词顺序的改变可能引起句子意思的变化。例如：

不可随处小便——小处不可随便

屡战屡败——屡败屡战

以上经典的例证说明了词序的重要性，它能导致表述意思的根本变化。

字词顺序的变化也可能改变句子的原来的主体，表达的意思也变了。例如：

跑马伤人——马跑伤人

你不理财——财不理你

词序变化还可能造成"程度"的不同，例如：不怕辣——辣不怕——怕不辣。三者对"辣"的接受程度是有差异的。

语言的词序改变导致表述的逻辑意义变化，真是妙趣横生、耐人寻味。

2. 画面顺序的变化

镜头组接顺序的变化同样也会造成画面语言逻辑关系的变化。例如以下三个镜头：

镜头Ａ　（全景）　花园里蝴蝶飞舞

镜头Ｂ　（中景）　小朋友扑向前捕捉蝴蝶

镜头Ｃ　（特写）　扑在草地上的手

按ＡＢＣ的顺序组接，表示小朋友捕捉到蝴蝶。

按ＢＣＡ的顺序组接，表示蝴蝶没捉到，飞走了。图10-3-1

二　组接顺序基本要领

1. 按故事情节的发展变化来组接镜头；
2. 按观察事物的视觉规律来组接镜头；
3. 按事物内容的主次关系来组接镜头；
4. 按人物动作的先后次序来组接镜头；
5. 按表达效果的特殊要求来组接镜头。

图10-3-1

三　组接顺序一般规律

1. 空间顺序

人们观察事物的空间先后顺序一般总是从远到近、从外到里、由整体到局部，画面组接这样安排也就先后顺序分明，叙述流畅贯通。

从远景到中景、近景、特写的镜头变化所组成的蒙太奇句式称为"前进式蒙太奇"，这种句式可以把观众的注意力约束到场景局部或主体上，具有步步深入和逐

- 镜头切分注重其内在的内容，关心所叙述的人物和故事。

- 根据故事叙述的需要组接镜头，并遵循其自身的一般规则。

渐强化的表现效果。

反之，从特写、近景到中景、远景的镜头变化所组成的蒙太奇句式称为"后退式蒙太奇"，这种句式可以把观众的注意力从局部或主体引导到整个场景环境中，用来表现那种"言有尽而意无穷"的情感余韵。

2. 时间顺序与错时组接

因为画面具有创造时间的功能，通过组接可以对时间进行压缩或扩展，创造出镜头时间。

画面反映事件的发展变化的脉络，让人们确信所看到的一切是真实的，其核心在于事件本身。镜头按情节的需求安排就符合逻辑规律性，因而事件进展和人物活动可以采用错时组接的方法来表现。

比如以下镜头：学校操场上孩子们在打篮球，其中一人投篮，后一镜头是篮球投中进圈。我们一般会确信进的球就是刚才那个孩子所投的，其实这完全可以通过错时组接的方法来实现。换句话说，中圈的球不是刚才投的那一球，也可能不是那个孩子投的。图10-3-2

张艺谋在某次电视访谈中说过一个小故事：当年拍电影《一个都不能少》时有个小花絮，其中一场戏是电视台播放的节目里，代课老师寻找辍学孩子张慧科，已经找了三天还没找到……这孩子看到电视，哭了。生活中张慧科这小演员是个顽皮好动的愣小子，成天嘻嘻哈哈、无忧无虑，大约属于"打死也不哭"的那种，可是"戏"里要他哭呀，怎么办？导演组就动脑筋、想办法，

他们了解到张慧科有个三岁的小妹妹，十分可爱，他平日最爱逗她玩。小演员拍戏每个星期放一次假回家，别人放假，偏找个理由不放他！连着一个月没让回，他特别想念小妹妹。导演组此时又悄悄派人去他家拍来小妹妹的录像镜头，一切准备就绪，让张慧科看片子，愣小子一看到心中日夜想念的小妹妹，哭了……原来哭的不是同一回事！图10-3-3

掌握错时组接的方法在剪辑理念上具有重大意义，这实际上是蒙太奇基本原理为我们艺术创作开拓思维提供无限自由度。只要事件情节本身说得通、逻辑上合理便可"移花接木"，因此某些用于"插入组接"的反应镜头、空镜头就可以提前或后补拍摄。例如人物采访，在当事人讲完后再补拍全景镜头（口型不明显），也可以补拍记者听他说话的反应镜头或手中的话筒（空镜头）。

四 违规组接

屏幕规定了人们观看的范围带有一定"强制性"，先后出现的一个一个镜头应当符合人们眼睛观察的习惯。这就要求画面组接合乎"视觉规则"，不但要保证情节内容的连续性，而且应当讲究视觉效果的流畅性。换言之，镜头编排不仅要考虑故事情节连贯，还须确保观众眼睛得以舒适；既要内容上说得通，逻辑思维"合理"，还要让人眼睛看得顺，于视觉规则"合法"。

违规组接会造成观众心理上的突兀感，视觉上也难以接受。

图10-3-2

图10-3-3

常见的违规现象有：

1. "同场同景"组接

"同场同景"组接是指：相同对象相同角度相同景别的两个镜头的连接。图10-3-4

电视新闻采访的镜头有时会出现这样的情况：被采访对象说话时，观众突然感到眼前"跳"了一下，画面中说话的人稍微抖动了一下并移了一点位置，感觉很不舒服。这是什么原因呢？原来是因为被采访对象说话本来是连续拍摄的"一个镜头"，经编辑加工剪掉一段不需要的内容，这就成了"两个镜头"的连接。相邻的镜头背景人物都相同，会造成"跳点"，这就是最忌讳的"同场同景"组接。

图10-3-4

画面组接要求相邻镜头首选不同的对象，变换关系人物或主体陪体；如果是同一个对象，拍摄时应当变换机位，改变拍摄距离和角度；假如不能换机位的话，那么一定要换景别，而且景别要有明显的差异。

拍摄不同对象，前后相邻的两个镜头不换景别的话，那么至少要改变构图，使被摄人物位置在画面上，一个略偏左，一个稍偏右。否则前后两个镜头，人物都在画面同一位置，有可能出现十分滑稽的现象，比如张三变李四、姑娘变老太、男人变女人之类。

2. "动静"组接

运动镜头同固定镜头硬接，视觉上会造成猛然停下的感觉，而且心理上得费点劲才能搞明白。曾见某婚礼片如下情况：前一个运动镜头"跟"拍花车在路上飞奔，紧接着的固定镜头是新娘一伸腿跨出车门，新郎连声直喊"当心碰头"——原来是车停了，新郎正在小心翼翼地扶她下车……真能吓出你一身冷汗！

主体人物运动状态的镜头与同一人物静止状态的镜头也不应硬接。

动静组接的一般规则是：前后相邻的两个镜头要求"动接动，静接静"。

（1）固定镜头与固定镜头相组接。

（2）固定镜头与运动镜头相组接，接点应当在运动镜头的起幅或落幅中，即镜头固定状态时。

（3）相邻的两个镜头都是运动镜头，那么应当注意运动方向和运动速度。假如前一个镜头向左摇，紧接着后一个镜头向右摇，或者先来一个拉，马上又来一个推，都属"违规"。

主体人物处于运动状态，前后两个镜头可以在运动状态中相组接，这时运动镜头不必有起幅、落幅。例如：拍摄赛车运动员，前一个镜头全景摇跟，后一个镜头中景摇跟，这样动接动的组接视觉效果较流畅，画面自然而紧凑。图10-3-5

同一人物动作，镜头应接在其运动状态的过程中，须掌握动作的分解点，预留动作变化的空间，接点应安排在出现动作变化趋势的时刻，在后一个镜头让动作完成。注意镜头之间动作要有适当的重叠，以便在后期精编时有足够的余量。

3. "越轴"组接

我们在谈机位时介绍了轴线，轴线是由于被摄人物或物体的朝向、运动和被摄体之间的交流关系所形成的一条虚拟直线。摄像师在拍摄时疏忽了轴线规则，结果甲乙二人突然左右调了位置，或某人往东走，眼一眨竟奔了西……

"越轴"镜头直接组接，既不合乎正常的逻辑规律，又违反视觉规则，道理上说不通，眼睛也受不了。

符合"轴线规则"的镜头，被摄主体的位置关系和运动方向始终是确定的，其变化是合乎逻辑的，这样的镜头剪辑在一起，画面流畅视觉和顺。

4. 出画和入画

可以故意让主体走出画面，然后接其他镜头更加宽松自如，这样组接能确保视觉上不至于生硬突兀。

如果主体出画后再接入画，那么就得注意：左右方向一定要合乎常理，必须保持逻辑思维的连贯性，搞反了会使人困惑以至摸不着头脑。剪辑时遇到人物"出画入画"，应当格外留心，确保避免"违规"。

五　克服违规的方法

凡可能引起视觉上"跳"的镜头组接，一般都应当采取必要措施予以解决，以保证画面效果顺畅平滑。

克服违规镜头的最根本的解决方案是在拍摄环节，一定要带着编辑的理念去拍，镜头确保"到位"。

后期处置的具体方法有许多，概括起来大致可分为三类。

1. 间隔法

在相邻的"同场同景"或"动静"违规镜头当中，可用空镜头或大特写镜头来作间隔，也可安排一个其他对象的镜头。

在相邻的"越轴"镜头之间用中性镜头（正面或背面）、空镜头以及反应镜头或主观镜头来间隔。

2. 软接法

在没有间隔镜头可用的情况下，画面就该用"软接"的方法来解决。

软接的方法主要有：

叠化法（交叉溶解）

淡化法（淡出淡入）

白闪法（多用于解决"同场同景"）

定格法（一般用于一组镜头结尾）

应特别注意两点：

第一，镜头尽可能采用"硬接"的办法，固定镜头硬接是编辑基本功。

第二，不得已必须"软接"，可选用叠化法或淡化法，这两种方式的画面转化轨迹分别是 X 形和 V 形，其视觉效果比较稳定。

3. 特效处理法

电脑特效方式多种多样，表现形式可能有成百上千种，可根据各自创作意图适当选用。

下述情况也可采用特效处理法，如图片与活

图 10-3-5

129

动画面或图片与图片相组接处，影像的色彩基调或光比影调发生明显变化时等等。

图片接图片用特效方式可产生动感而活跃气氛。图片原本是"死"的，现在利用特效中的"动"让它"活"了起来。

动态画面与静态画面相组接，特效可以缓解并弱化动静冲突，使画面过渡平缓自然，避免冒失、突兀感。

"非编"软件中转场特效方式五花八门，但是绝非使用越多越好、越花越好。用特效要有道理有必要，还要看其样式是否合适，合情合理还要适量适度。若非创作需要，切莫轻易使用。无缘无故随意滥用特技，往往会弄巧成拙反而破坏画面，且有哗众取宠之嫌，十分令人讨厌，请读者朋友们特别留意。

六　防止逻辑"穿帮"

镜头组接必须确保所叙述事件在观赏视觉上的连贯性和逻辑思维上的合理性，否则也是一种"穿帮"现象。例如，台上某人正在发言，插入的反应镜头中却有此人坐在听众席听讲。电视剧中曾出现过令人发噱的事：前面镜头某人左脚被轧，后面此人捧起右脚叫痛；员工进经理办公室——训斥声——出办公室，进去时衣服红色，出来成了蓝色等等。

逻辑上的"穿帮"现象，由于前后镜头的拍摄时间有所间隔，当时疏忽于场记，后期编辑时又未加注意而造成。

七　探索创新

任何规则都不是死板的教条，大可不必墨守成规，应当探索创新，打破常规，活学活用，关键在于用得合乎创作的需要。

由"同场同景"组接演化出一种新特技手法——可称作"景同人变"。具体做法是：固定机位拍一个全景长镜头，设计人物所处画面位置和动作变化，时而在左时而在右，时而立时而坐，一会干这一会忙那。总的环境没变，把人物不同位置不同动作的镜头切开截取剪接（有时也作叠化处理），既节省画面表示时间飞快过去，又可反映人物等待、不安或者悠闲、无聊以及忙碌、紧张等情绪……这个小特技假如玩得合适，能引人入胜、十分有趣。比如影像短片《天堂的午餐》最后的镜头，儿子在想象中与母亲共进午餐，转眼间母亲消失，表现他从幻境中回到了眼前的现实。图 10-3-6

这种技法其实并非"新发明"，几十年前早已有之，电影称作"停机再拍"法。

八　特殊运用

遵守轴线规则是起码的常识，可是在特殊情况下由于特定的内容表现的需要，可以利用轴线规则作为手段，采用"反轴线"组接方式故意使画面越轴，营造出紧张、激烈、急促的节奏，表现慌乱、危急、惊险等情绪气氛。影片《可可西里》中有一组镜头，"反轴线"剪辑法运用得极其精当，创造出震撼人心的艺术效果。图 10-3-7

图 10-3-6

图 10-3-7

影片《疯狂的石头》中有如下一组镜头，表现故事中人物激动、愤怒、气急败坏、暴跳如雷的"疯狂"状态，所采用的组接方法就是"同场同景"。他（打电话）每说一句话单独为一个镜头，一组镜头硬接在一起，画面中背景环境没变，只见人物左跳右跳、蹦前蹦后，效果十分搞笑……

图 10-3-8

图 10-3-8

131

第四节 转场技巧

一 什么是转场

转场是影视套用文学写作中的"过渡"而来，过渡在写作中原意是上下文之间的衔接，影视中称其为"转场"，表示镜头或镜头组（段落）之间转换连接的编辑手法。

两组不同时间、不同地点或不同人物事件的镜头段落，假如把它们直接联在一起，可能显得比较生硬、别扭，观众看起来也许感觉突兀、冒失，这就需要编导设法安排转场，以合乎人们的观赏思维习惯。

影像片通过转场处理，可以实现时间、空间或情节内容的大幅度跨越，使作品更为精练紧凑，时间更节省，内涵更丰富，脉络清楚层次分明，镜头信息量更大，尤其是语言表述更具自由度，结合故事内容，自然贴切而合情合理地创造奇妙的"蒙太奇"效果。

二 转场过渡处理的场合

需要作转场过渡处理的场合大致有：

1. 影视片叙述时，由总述到分述或由分述到总述的转折点；
2. 叙述中由一层意思转向另一层意思，或者故事情节在时间、地点上发生转换时；
3. 叙述过程中采用倒叙、插叙时的转换点上（包括转入和转出）。

三 转场过渡的方法

常见的转场方法是：在两个不同时空跨度的场景中设计出某个交叉点，前后镜头（或人或物或语言）相互之间有某种类似或关联，通过镜头把二者连接起来实现过渡转场。转场镜头一般以大全景或特写居多，大全景镜头的抒情意境和修辞功能在转场中得以充分发挥，特写镜头的方位不确定性和形象的相似性为转场提供了基础。

1. 特写镜头

在两个不同场景中找出二者的共同点，并且用特写镜头强调，以此作为转场的依据，实现时空跨越。

在奥斯卡提名影片《黑天鹅》中有一个特写镜头——受伤的脚，用它来转场，地点由练功房转到尼娜家，她妈妈心疼地抚摸——十分自然地实现了空间的转移。图10-4-1

2. 空镜头

空镜头转场是最简易可行的过渡方法，在需要作转场处理的镜头之间安排一个合适的空镜头（与内容主题有关联）表现地点转移和时间跨越。利用空镜头巧妙地转场，可以产生特别的蒙太奇效果。例如日本电影《艺伎回忆录》中有如下组接：

图10-4-1

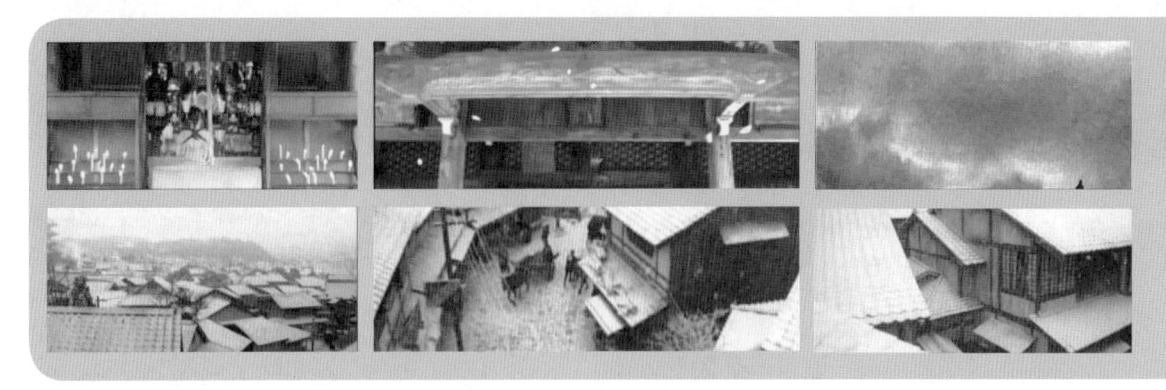

图 10-4-2

女童虔诚地祈祷神灵,头顶上樱花花瓣如雨般飘落……

（摇摄）天空

镜头从天空摇下

大雪纷飞,街道、房屋、艺伎馆……

女童已长大成了艺伎。

这里的樱花飘落与大雪纷飞不仅有外在的相似性,而且暗示了季节变化,又通过镜头"摇"到天空来转换,合理地表达了时光的流逝,同时又表现了人物活动空间的转移。图 10-4-2

3. 相似物

用相似物体作场景转换,在视觉上不至于让人感觉突然或跳跃,用得合理合适的还能产生始料不及的绝佳效果。比如电影《英国病人》中的一个转场镜头：

飞机在空中飞行

往下看是高低起伏的沙丘

（叠化）高低起伏的物件（与沙丘的起伏极为相似）

（镜头拉出）原来是房间内的床单,一个女人正在整理床铺

画面上物体外表的相似性是这个转场的关键所在,床上被单的皱褶与高低起伏的沙丘有某些形似（摄录时可以照沙丘起伏的形状布置）。观众也许本以为还是沙丘,二者叠化竟由空中过渡到了室内,这个转场出乎人们意料之外,不由得赞叹编导的巧思妙想。图 10-4-3

4. 相同事件

设计出人物在此时和彼时所做的相同事件,以此事件作为共有条件来转场,大幅度地跨越时空。

电视剧《大宅门》里有一个转场镜头十分巧妙：少年白景琦十分淘气,欺侮兄弟,捉弄老师,后来专门给他请了一位有本事的先生,这位先生不教他念书识字却成天领着他骑马……白景琦少年到青年的转场就是通过骑马这个事件来实现的。

他同先生赛马,两匹马飞奔（显然他已占上风）

图 10-4-3

白景琦勒住马

（特写）骑在马上的青年白景琦

骑马是少年白景琦跟着先生每天所做的事件，这事件一直延续到青年白景琦，影视编导就把这个事件顺手"拿来"，不着雕饰、顺理成章地完成了时间跨度的转场。图10-4-4

"国际导演拍北京"系列影片《北京印象》中的转场，也是利用相同事件来做比照，镜头由路上骑车人蹬车的腿脚动作，过渡到舞台上自行车杂技表演。图10-4-5

5. 相关细节转场

相关细节转场是指：在此事件与彼事件中寻找出某个相关点，就是说在此事件进展过程中可能出现某个情节，用此情节在彼事件中作为开头来叙述，并且以细节形式出现。因细节只表现局部，因而观众可能误以为是前一事件的延续，然后通过摇（或拉）出现全貌才知道原来已经转入后一事件，巧妙地实现了转场。例如电影《马路天使》中鸨母为追查小红的下落而拷问妓女（姐姐）那场戏，其转场组接是这样处理的：

凶神恶煞的鸨母大发雷霆："你不老实说，我今天就打死你！"一边挥舞手中的鸡毛掸："听见没有？把衣服统统脱下！"

可怜的妓女满含愤怒的眼神，开始解上衣纽扣，鸨母咆哮："快点！"

在鸨母的吼声中，光着的双腿，内裤落下。（镜头往上摇）

原来是个男人在浴室……（故事进入另一场景）

这场戏的组接利用鸨母"把衣服统统脱下"作铺垫，然后出现解上衣纽扣，接着裤子脱落，镜头又上摇，真让观众大吃一惊……其实这是电影编导精心设计的一个转场。图10-4-6

6. 虚化法

图10-4-4

图10-4-5

图 10-4-6

　　虚化法是普遍采用的组接方法，广受欢迎。除了用于转场，也用于一般镜头组接和段落过渡。准确地说，虚化法包括镜头虚出接虚入，就是前面镜头由实到虚，接后面镜头由虚到实，也可以单单一个镜头虚出或虚入。

　　虚出接虚入其要点在于虚化物之间的相似性，前后两个虚化物外形要相似，内容要相关，虚得合情合理，接得有理有据，从而产生好的效果。

　　例如拍摄由室内到室外的虚实转换，便可用糖果作虚化物：

　　镜头 A　果盘里的糖果（焦点由实转虚，形成圆形或正六边形虚幻的影像）

　　镜头 B　室外花园一角（焦点由虚转实）

　　虚化法拍摄必须操作熟练，还要选好前后两个虚化物并利用其相似性，其效果才会流畅自然。图 10-4-7

图 10-4-7

7. 遮挡法

前一个镜头物体进入画框并渐趋完全遮挡画面，随后接一个新的镜头，由于被遮挡的这个瞬间镜头几乎处于一片"黑暗"，反倒给组接提供了充分的自由，从而顺畅地完成了镜头的连接。

遮挡法组接能产生较强的视觉节奏，是现今常用的方式之一。

比如：姜文出演的某男装广告，其中一个穿外套的近景，剪在洒脱飘逸的动作中间（镜头逐渐被衣服遮挡），与后面的镜头（带有遮挡的结尾）衔接十分流畅。图10-4-8

电影《非诚勿扰2》中利用飞机被云彩遮挡来组接镜头，自然妥帖、合情合理，而且画面具有特别的美感。图10-4-9

图10-4-8

8. 比拟法

比拟是一种修辞方法，是把甲事物模拟为乙事物。比拟把物当作人一样

图10-4-9

来描述，赋予人的思想、感情、行为、动作，或者把人当作物看待，赋予物的特征或行为。这是影视剪辑常用的方法之一，它不但能表现人物时空的跨越，而且隐含了内心的思想活动，重在镜头语言的运用。比如影片《让子弹飞》结尾的一组镜头：

突发的枪声打破沉寂，张麻子循声望去
黄四郎在碉楼上扔出帽子对张麻子大笑
碉楼爆炸
张麻子仰望天空
空中山鹰翱翔（转场）
张麻子骑在马上，一身昔日"山大王"打扮
与影片开头一样的马拉火车驶来
张麻子骑马远去……

这一组镜头中的"空中山鹰翱翔"就是采用了比拟法。影片开头的第一个镜头就是"苍鹰在山谷间盘旋"，那可以理解为介绍环境的空镜头或预示事件即将发生并暗藏杀机，结尾的"山鹰翱翔"不但与开头呼应，而且暗示了人物的内心世界，为作品表达思想起到重要作用。图10-4-10

9. 类比法

类比法转场并不讲究物体外形的相像，而是注重事件本身内涵的类似，借助两件事内在的相似性和可比性把两个镜头恰当而有机地组接在一起，产生奇妙的艺术效果。影片《艺伎回忆录》中有两个镜头就采用类比法转场，初看毫不相干，细想浑然天成，不禁发人深思、回味无穷。

镜头A　小女孩想逃出艺伎馆，艰难地爬上

图10-4-10

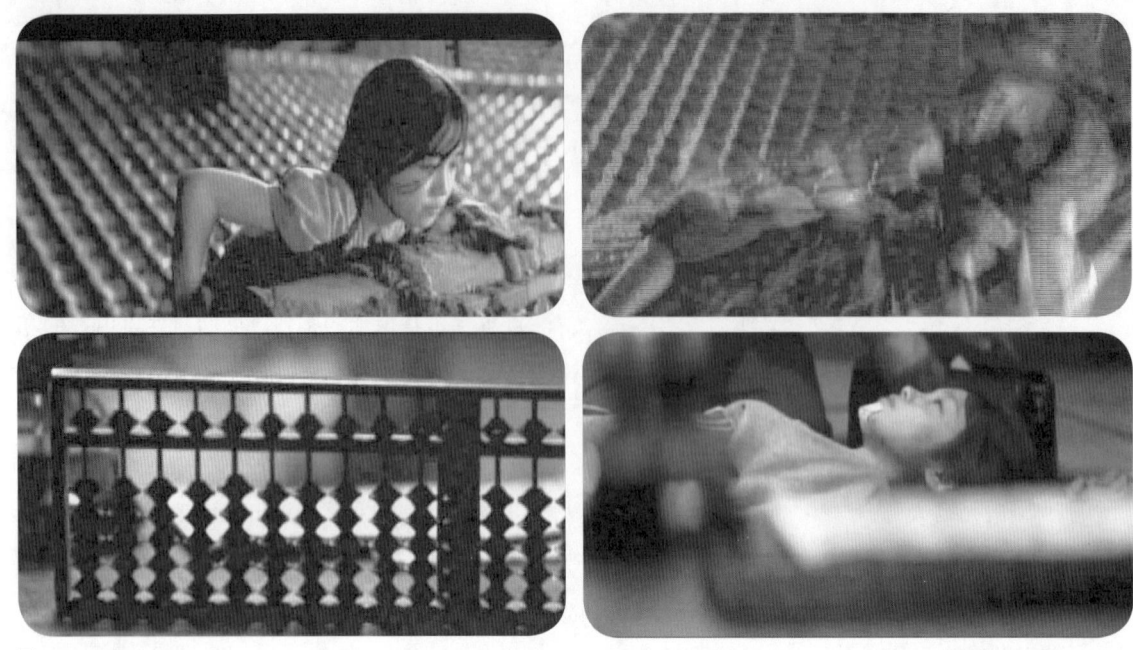

图 10-4-11

屋顶，不料身子一滑直摔下去。

镜头 B　艺伎馆内，（近处）桌子上算盘竖直倒下，算盘珠下落（变换焦点聚实远处），受伤的女孩躺在床上。

算盘倒，珠子落，同小女孩从屋顶上摔下，这两件事表面上看起来并无关联，而其内在却形成了鲜明的类比关系，镜头如此组接并变换焦点，转场一气呵成堪称一绝。

类比法转场具备极高的艺术含量，需要精巧的构思和高明的设计以及娴熟的摄录技巧，才有望产生绝妙的蒙太奇效果。图 10-4-11

10. 语言关联法

借助人物的语言把前后场景联系起来，推动故事情节的发展，这种方式称为"语言关联法"，也叫"语言转场"。它的特点在于：人物说的话是"连贯的"或"相关的"，而前后场景人物关系却又是不同的，于是在"言谈之间"自然而又妥帖地实现了转场。

例如影片《马路天使》中，前面镜头是房东女人对小云说：

"那两个鬼，突然在昨天晚上偷偷地搬掉了，

那个吹喇叭的倒是个好人。"

接在后面的话是：

"哪一个吹喇叭的？我从来没有看见过。"

"你盘问小云，她一定知道。"

而这却是老鸨与她男人的对话，镜头借人物语言谈论"吹喇叭的"，而前后人物关系发生变化，从而巧妙地转场。图 10-4-12

有时人物语言似乎是连贯的，但是说的却不是同一件事，因而产生幽默诙谐的效果。比如某电影中，前一镜头人物说"好"，紧接着后一镜头有人说"好个屁"，场景人物已经变换，而且所指的是另一件事，与前面的"好"事毫不相干，不由地叫人哑然失笑。

11. 音效转场法

音效转场法就是用效果声把前后场景连接起来。前面镜头故事情节发展中，即将可能出现的声音，却是后面镜头人物事件中所发出的。音效转场法往往收到"山重水复疑无路，柳暗花明又一村"的效果。

2012年奥斯卡金像奖最佳影片《艺术家》是一部黑白怀旧片，影片介绍电影由无声到有声发展时期的故事，可以说这是向电影艺术和电影人致敬的影片。片中有一处音效转场：图10-4-13

乔治·瓦伦丁是默片的最佳男主角，在转型时期，他在事业上却处处碰壁。而他当年所提携的搭档佩皮·米勒借助有声电影的契机迅速蹿红，成为首屈一指的明星。自尊、失落、潦倒的乔治准备饮弹自尽⋯⋯而佩皮并未忘记旧情，正冒险开车（司机不在，她不会驾驶）赶往他的住处⋯⋯我们看到的镜头组接顺序是：

乔治从盒中取出手枪
佩皮开车在路上左冲右突，险些撞上路人
他把枪头放进口中
他的爱犬向他狂吠
手指扣在扳机上
佩皮急速开车
乔治痛苦又决然的表情
黑场字幕"BANG"——砰
汽车撞上了路边大树
佩皮从车中出来，奔向路旁的房子
室内，佩皮与乔治对视
二人相拥
"对不起，我只想帮你，照顾你"
⋯⋯

原来这"砰"的一声是汽车撞树声，观众悬着的心才得以放下，这里的音效转场让故事情节峰回路转、豁然开朗。

转场方式远远不限于上述这几种，此外还有如：甩镜头法、淡化法和定格法等等，这些都是用以跨越时空、行之有效的好办法。重要的是，这要求我们在创作过程中不断思考并勇于创新，根据作品内容和主题，构思出新颖、合适而又巧妙的转场方式。

图10-4-12

图 10-4-13

思考与练习：

- 了解镜头组接方式及对编与非编的基本知识。
- 对照检查自己以往习作中违规镜头的表现。
- 理解蒙太奇基本原则。
- 试运用错时组接法剪辑作品。

第 11 章 影像节奏

节奏，本是音乐术语，指音响运动过程中轻重缓急的规律性行进。

在影视片中，节奏主要凭借运动、景别、切换组接等视觉表现，有序地、和谐地组合而成。节奏有强烈的感染力，它对影像的基调、结构及风格的形成和体现具有很大的作用。

影像接连出现两个或两个以上的画面元素，就可认为具有视觉节奏。

一般说来，节奏有快慢、强弱之别。

第一节 节奏与心理体验

一 节奏是运动的产物

视觉节奏产生于画面中的物体或其他造型元素（如点、线、面、明暗、色彩等）的重复出现。

节奏是气息、脉搏、韵律。节奏是运动的产物，是生命本身的现象。节奏存在于运动和变化之中，它必定以运动的形式来表现。

主体形象的活动是最直观的视觉感知，色彩是光波的运动，声音是声波的振动和传递的结果，这些画面信息元素的运动形成了影像作品的节奏。

节奏是引起观众情绪变化和心理感受的重要视觉元素，是创造和渲染画面情绪的载体。

节奏是观众对运动最直接的感受，不同的运动产生不同的心理体验。

情绪的感受同心理活动有着微妙而又密切的关系。

二 节奏作用于感情

画面节奏作用于观众心理的视觉元素，它是交替出现的有规律的强弱、长短的现象。

只有当节奏作用于观众的感情时，它才有存在的价值。图 11-1-1

节奏的安排应当以吸引人们的兴趣和引起人们的感情震动为目的。无论快节奏或慢节奏，都应起到使屏幕形象与观众心理同化的作用。

节奏意味着从混乱的自然环境中找到秩序，使画面具有外在的美感。富有节奏的画面通常体现出相当的动感，将观众的注意力吸引到画面所表现的形象和意境中。

引导观众的情绪和心理活动是创造节奏的重要任务。

作品情绪节奏感染观众的同时，作者自身的情感也得以宣泄，从而使创作个性得以张扬。

图 11-1-1

第二节 节奏与作品题材

一 节奏的地位

节奏属于整个影视作品中的一个元素，它贯穿于作品的始终。节奏直接影响作品内容的传达效果，它是影视作品不可忽视的重要组成部分并占据相当高的地位。

节奏是作品成功与否的一个重要因素。

有人对一部作品的几个主要因素作过形象化的比喻：

主题——灵魂
结构——骨架
材料——血肉
节奏——气息

气息不可或缺，作品必须有气，节奏贯通其间，断然不可小视。因此，节奏是构成一部影视作品十分重要的部分，甚至于可以说节奏是否合适，决定了整部作品能否成功。

节奏与作品的其他诸因素浑然一体，成为叙事和抒情的有机组成部分，共同来展现作品的主题，上升为美学意义上的主观表意和情绪感受。

二 节奏与题材要求

节奏为作品的主题服务，节奏必须符合题材的要求。

不同题材的作品有不同的要求：图11-2-1

社会生活内容的题材作品要求具有时代性、新鲜性、复杂性、形象性；

自然界内容的题材作品要求具有知识性、思想性、寓意性、欣赏性。

不同题材的作品，按其具体内容和创作意图的不同，对作品的节奏也有不同的要求。

一般说来，表现自然界内容的题材作品的节奏可以舒缓一些；表现社会生活内容的题材作品的节奏就应当以平和的中速行进，有时甚至也可以略快一些。

采用描写抒情手法的作品，如风光片、电视散文等，其节奏多为比较缓慢而平静。

一般纪实类内容，用正常的节奏，产生平稳客观的感觉；有激烈冲突的内容，用较快的节奏，造成紧张的感觉；抒情的内容，用较慢的节奏，形成松弛舒缓的感觉。

节奏应当与情节发展相一致，与作品的叙事结构合拍，表现作品内容并为其服务。

三 节奏类型

影片的节奏类型，可以从以下几方面分析：

从视觉速度方面可以分成急促、稳健、平静、舒缓等；

从情绪感觉方面可以分成紧张、冷静、安详、欢快等；

从气氛表现方面可以分成沉闷、冷峻、活泼、悠扬等等。

对节奏既要有宏观把握又要有局部的处理，根据作品题材、体例的规定和画面材料的具体条件，以及作者的体验和创作愿望进行处理。

各种节奏类型应当有发展、有变化、有起伏、有交织、有对比、有照应地调配组织起来，共同完成对作品的表现。

图11-2-1

• 孩子成长的每个阶段都是 DV 摄录的好时机。

- 《影动泸沽湖》是吕尚伟先生创作的风光短片，视频素材用 SONY 照相机固定镜头摄录，仿佛一幅幅"会动的照片"。

第三节 节奏的创造

一 节奏与艺术风格

影像作品画面不仅叙述故事情节，同时传达内容、情绪、节奏。影像节奏需要作者根据表达的意图来拍摄画面，根据拍摄的画面来创造。

对影像情绪节奏的创建，表现出作者对作品内涵的整体理解和自身艺术风格的反映，也是作者创作个性得以张扬的舞台。

在进行后期编辑之前应当先在脑子里编辑构思，形成一个准确的情绪节奏定位，考虑成熟后再动手编辑，并且采取各种手段实现这种定位。

图 11-3-1

二 创造节奏的基础

创造影片节奏有两方面的基础：客观基础和主观基础。

1. 客观基础

客观基础来自影片内容的形象、动作、事件、情感所规定的律动性。例如，列车奔驰的内容一般采用急速而整齐有力的节奏，再如表现深夜漫步荷塘，则用缓慢而平静安详的节奏。

2. 主观基础

主观基础决定于摄像、编辑在后期制作中的创造性的艺术感受和表现冲动。如果没有充分的体验和强烈的创作冲动，就不可能产生具有生命力的节奏感。

从某种意义上说，影像主创人员的主观基础是创造情绪节奏的决定性因素。

三 影响节奏的因素

对画面节奏影响最为显著并起关键作用的是：主体运动状态、镜头景别、摄像机运动和剪辑频率。

1. 一般说来，主体运动速度快，节奏快；运动速度慢，节奏慢。

运动方向一致，平稳流畅；运动方向相反，跳跃急促。

2. 镜头景别大，节奏慢；景别小，节奏快。

3. 摄像机运动速度快，节奏快；运动速度慢，节奏慢。

4. 剪辑频率高，切换组接多、镜头短，则节奏热烈；而剪辑频率低，切换组接少、镜头长，那么节奏就比较舒缓。

以上影响节奏的诸多因素，有的是在拍摄过程中形成，如画面的运动状态；有的可以在后期编辑时作适当调整，如镜头时间长度、排列顺序和组接方式等；有的则必须在后期编辑中解决，如特技效果的运用以及音乐节奏的烘托等。

图 11-3-1

第四节 节奏的运用

一 一般规律

1. 主体运动状态

运动是影视画面的显著特征，记录运动、表现运动是影视艺术的主要任务。主体运动状态、速度和动作幅度对节奏的影响最明显。主体运动剧烈、速度快、动作幅度大的，则节奏强烈。如果用固定镜头来表现，效果更显著。反之，物体运动速度较慢时，表现出的节奏较弱。

当表现人物平静、抑郁或力量的积聚时，需要节奏弱；当表现人物兴奋、快乐或力量的爆发时，需要节奏强。

用固定镜头拍摄能够有效地表现运动人物，观众不仅可以看到主体人物形象，并且可以从主体运动的节奏中感受到画面情绪存在。

2. 摄像机运动

摄像画面还可以在运动中表现物体。摄像机的运动是产生画面节奏的重要手段，可以调动观众的心理期待和情绪感受。

摄像机追随主体运动，主体相对静止而原来不动的物体改变了透视关系，使画面活跃了起来，因而形成了视觉节奏。同时，由于运动状态的不同，便可以产生不同的节奏。

摄像机运动可以对画面多角度、多景别、多层次反复表现，使观众的认识更全面、更连贯、更真实，产生不同的情绪节奏。

摄像机采用拉镜头拍摄，画面节奏由强到弱；反之，摄像机采用推镜头拍摄，画面节奏由弱到强。

3. 景别及组接

景别的变化是产生视觉节奏、形成节奏变化的重要因素。景别是影响视觉节奏的外部形式，不同景别可以加强或削弱画面内部原本的运动节奏。

同样的动作，在不同景别的画面中呈现出不同的幅度。在大景别画面中（如远景、全景），动作的幅度显得小一些，减缓了内部运动，因而节奏慢一些；与之相反，在近景、特写等小景别画面中动作幅度显得大一些，加速了内部运动，节奏就快一些。摄像师应根据作品的要求，考虑节奏的轻重缓急，在拍摄时依照不同景别产生的效果作出适当安排，以期达到节奏协调的目的。图11-4-1

拍摄时相邻的景别一个比一个变得更小，视觉上有"递进"的感觉，产生节奏加快的效果；相邻的景别一个比一个变得更大，视觉上有"渐退"的感觉，形成节奏减缓的效果。

图11-4-1

4. 剪辑频率

通过后期编辑来调节作品节奏的方法还有镜头剪辑频率、排列方式、时间长度、轴线规则和空镜头的运用等等。

镜头剪辑频率越高，时间越短，镜头必然越多，节奏也就越快；反之，镜头时间长，很少剪辑，尤其是摄像机用运动镜头连续跟拍，则节奏必慢。

固定镜头能显示较大的优势，镜头时间短，多切换，再加上景别变化又明显，反差大，表现出的节奏必定是十分强烈的。

镜头的时间长度，在拍摄时就应当注意。如果确定要做后期编辑，镜头可以拍得适当长一些，有利于后期挑选，也便于编辑操作。长剪短，很方便；而短想变长，就麻烦了。即使现在通过电脑"非编"可以很方便地改变速率，从而进行延宕增加镜头时间，也只可少量地加，要是加得过分，画面会表现得不正常，况且这种办法偶尔用一次可以，反复多次用就不适宜了。

二 音乐节奏

音乐是影像片构成的重要元素之一，它对于整个影片把握节奏、烘托气氛、抒发情感，乃至确立格调、提升品位，具有无可替代的作用。

至于音乐对影像画面节奏的影响，那是显而易见的。音乐节奏强弱快慢，几乎直接决定了画面的节奏。

音乐服从画面内容，根据已有画面配音乐。所选用的音乐必须与题材主题匹配，其旋律要与画面运动"合韵"，音乐的情绪表现应合乎作品内容的氛围，还要符合主题的精神。一言以蔽之——要合适，不少音乐编辑称之为"贴"。

音乐还能对画面内容做出某种补充，对作品思想进行诠释，从而起到主题升华的作用。

国际著名电影人雅克·贝汉的经典作品《微观世界》中有一组表现蜗牛交尾的镜头，所用的背景音乐女高音独唱悠扬悦耳、沁人心脾，演唱风格类似于古典歌剧的咏叹调。画面光影异乎寻常的美丽，歌声抒情在神圣赞美之中，让人在欣赏作品音画艺术性的同时，不由地感到心灵震撼，以至于肃然起敬——敬畏世间万物生命的伟大。

总之，应当调动各种手段让画面元素得以完美表现，这样才熔"视"与"听"于一炉，"色"与"声"浑然一体，给人以美的享受。图 11-4-2

三 灵活运用

一般说来，影视作品忌讳的是节奏与内容不匹配，局部节奏不均匀，整体上节奏不协调，从而导致观众心理紊乱，影响作品的效果。

摄像师应全盘考虑影响节奏的多方因素，通过组接形成一个紧凑有力的整体，尽可能创造出相对稳定的节奏，力求节奏情绪的一致，实现风格的统一。

但是，节奏绝对没有刻板的规定，必须根据具体的内容和主题的需要并按照作者的创作风格

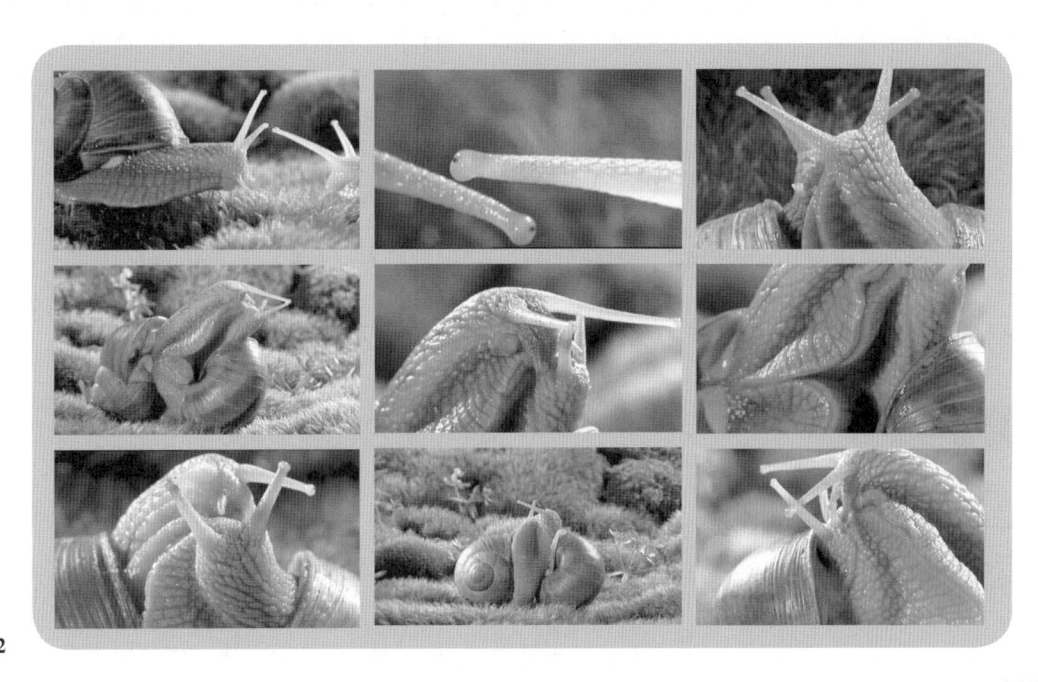

图 11-4-2

图11-4-3

来灵活运用。

1. 慢动作

"慢动作"在剪辑里叫作"改变速率"，也称为"升格"，这种技法时下非常流行，在电脑上操作也十分方便，影像片经常采用。

有时通过运动节奏可以感受到从画面内容中不能获得的情绪体验。剧烈的运动产生的情绪可以是活跃的、热烈的，也可以是慌乱的和紧张的；缓慢的运动产生的情绪可以是稳重的、宁静的，或者说是忧郁的或沉闷的，有时用慢动作、慢节奏表现欢快的人群，所产生的情绪也许是悲凉的。

2. 无声画面

有的影片用慢动作又寂静无声的画面表现壮烈英勇的故事内容，更体现出感人肺腑、荡气回肠的"崇高"意境，也可以造成某种心理期待，在平静的外表下暗含力量积聚的感觉，"于无声处听惊雷"更让人心灵震撼。

3. "错位"音乐

所选用的音乐旋律节奏与画面内容看似无关或形成明显的"错位"，甚至于让人感觉好像二者反差强烈，俗话说"浑身不搭调"。但其实乍一看似毫无联系，细一想其中必有奥妙。"错位音乐"

有时能产生幽默诙谐的特殊效果，笔者曾见过一个短片：婴儿床上可爱的小宝宝浑身使劲伸腿踢脚抓摔玩具，音乐用的是《我们工人有力量》。另有一条片子的画面内容是：闹钟响，一青年急匆匆起床，手忙脚乱穿衣洗漱……背景音乐是军队的进行曲："向前向前向前——我们的队伍向太阳……"

这种"颠覆常规"的错位音乐，某些大导演偶尔也会用。电影《红高粱》里乡亲们冒着机枪扫射抱起土炸弹冲向鬼子的军车，与画面现场一片枪弹声、喊杀声、怒吼声同步，所用的音乐是唢呐曲，欢快热烈、昂扬激越，表现出特别异样的壮美！

电影《辛德勒名单》中有这样的用例：画面中党卫军屠杀犹太人，在密集的扫射枪声中同时也传出轻快幽雅的钢琴声，镜头切换出一个党卫军军官正十分专注地在弹奏着钢琴，动作优雅，神情悠闲。门外走来两名士兵，边听边争论着这是巴赫的曲子还是莫扎特的！

斯皮尔伯格是巧妙运用画面元素的大师，特别善于设计视听的冲突以强化作品的表现力。上例是他运用人物事件与现场声音极度冲突制造令人震撼的效果，以超常态的强烈反差来表现作品思想感情的经典代表之一。

思考与练习：

- 观摩学习优秀作品，体验影像节奏。
- 运用不同剪辑频率，创造影像节奏。

第 12 章 摄制体例

　　学习摄像技法最终目的是"学以致用",检验学习成果应当"以作品说话"。
　　所有的摄像技法都为作品的题材内容服务,为作品的主题服务。我们应当懂得选用合适的体例形式和巧妙的表达方式来表现作品主题。
　　不管摄制哪种题材,也不管怎样的体例结构的影像片,对摄像基本技法的要求从本质上说应当是一致的。差别只不过在于各人对技法的掌握理解程度不同,在实际运用中存在合适不合适、巧妙不巧妙的问题。
　　摄像师朋友们应根据自己的具体情况选择适当的题材体例,扬长避短、各骋才华。其一般先从家庭生活内容开始,然后进入社会生活的题材,从单纯纪实到构思创作。
　　今天我们的社会生活五彩缤纷,影像片创作的题材和表现形式自然是丰富多彩的。
　　本文根据影像创作的特点,就多见的题材内容和常用的摄制体例作简要介绍,例如会务片、展演片、资料片、宣传片等。

第一节　会务片

　　会务片,一般包括各种会议,如产品推介会、总结表彰会、信息发布会、报告会、庆祝会、见面会等等,多用于本单位内部播放或作为影像资料存档。会议(大课)形式的教学片、整台的文艺节目演出等(需保留现场声和语言的),就摄制方式而言,也可归于会务片摄像。

　　拍摄会务片,总的说来比较容易。它有内容可拍,况且会议的内容、程序安排均由主办方负责。但是摄像师必须事先与其沟通了解总体情况,最好能参与策划以便掌握重点。尤其是某些重要人物、重点发言以及可能出彩的情节,摄像师应当了如指掌以确保届时镜头到位。在拍摄过程中还要注意观察,并且必须反应灵敏,当机立断"拿下"精彩的关键镜头,要不稍纵即逝难有重现的机会。图12-1-1

一　机位布局

　　对会议的内容,如果主办方要求完整保留、不得删节的,那么需要多机拍摄,至少要有两台摄像机,一台全程记录,一台拍摄供"插入编辑"的镜头。
　　两位摄像师要协同合作,机位调度和镜头安排须考虑后期编辑的需要。例如:在介绍来宾时,一台固定用全景,一台逐个给近景;拍嘉宾发言,一台用近景完整记录语言,一台拍摄插编画面。插编画面中凡是有发言人在的,要用中、全景等稍大一些景别,以免在插入编辑后被看出口形不合。拍摄其他对象,景别无特别严格要求,做到有变化、多角度、构图美即可。

　　双机拍摄时,摄像师要配合默契,拍摄的对象应不同,同一对象则必须景别各异,以便于后期编辑。两台摄像机更换录像带的时间应当错开,以免漏拍内容。两人要相互关照,经常用目光、手势、动作交流联络(许多老摄像师都有"暗号"约定)。

　　双机或多机拍摄要统一校正白平衡,确保各机所摄的画面色彩影调一致,还要注意现场各拍摄机位的实际光照情况,做到心中有数、灵活应对。

图12-1-1

双机拍摄的另一种方法是：两台摄像机都全程拍摄，一台固定全景，自始至终基本不动，另一台给中近景，可以转换对象、变换景别，但不要切断镜头。这样一来，后期编辑十分方便，两条视音频只要时间码一致或开头对准音轨，此后语言（音乐）与人物口形动作肯定同步。这种方法较适合文艺节目表演。

此外，多机拍摄要注意防止相互间穿帮，在机位的安排调度上要多用心思。

如果不要求会议的内容（关键在于发言人的语言）完整，允许删节的，那么可以单机拍摄，这就对摄像师提出更高要求。摄影师必须能抓住重点并确保镜头合乎编辑的需要，掌握镜头长度适时切换，变换拍摄对象、角度和景别等，还应记得拍摄来宾、观众鼓掌的镜头（要有适当的提前量）以及拍一些空镜头，如会标、鲜花等，以保证后期编辑组织画面时有丰富的镜头可用。

单机拍摄，在后期编辑时一定要避免视觉和逻辑的穿帮，绝不能出现诸如以下现象：某人在主席台演讲，插入的台下听讲或鼓掌镜头此人偏又恰在其中。因此，在预先拍摄反应镜头时要确保不同对象、不同角度品种多样，后期编辑选用时还要严加注意，切莫穿帮闹笑话。

二　光的处理

现今许多会议常有结合多媒体投影演示或网络连接，这可能给摄像工作带来麻烦。一是讲演人处于投影仪光照之中，由于光比过大，摄像难以两全其美，往往顾此失彼；二是显示器屏幕有可能出现闪烁及条纹，在摄像机镜头中暴露无遗。尤其这种闪烁可能造成观众视觉疲劳，有时甚至会达到难以承受的地步，直接影响整体画面效果。

对于前者，应对的办法可以考虑以下几种：

事先与主办方负责人沟通，请讲演人留心避开投影光照射；

讲演人活动较为频繁的区域加强布光，而投影区给予较暗布光或不布光；

以投影内容光照为准，讲演人曝光任其过度；

以讲演人曝光为准而使投影内容偏暗，而后补拍画面插入；

借投影内容另做视频文件，后期编辑时插入。有专业设备条件的，现场即可切入。

至于显示屏出现闪烁、条纹，主要原因是显示器场频与摄像机快门速度不一致，解决问题的关键在于使二者频率一致或成为整倍数。

以上诸项事宜，都要在拍摄之前考虑到并予以调试解决。

三　程序安排

有的会议还安排娱乐活动如文艺表演，拍摄时应注意画面构图、镜头景别及切换组接等，善于发现精彩的细节并能确保抓拍到。图 12-1-2

会务片中的文艺演出，有别于专场文艺节目表演，一般不需全程记录。主办方要求拍全程的，则可采用双机拍摄方案。

此外摄像师还应注意拍摄一些外景和表现环境的印象镜头，以及迎接来宾、签到、交谈等纪实性镜头乃至相关"花絮"。

会务片基本上是按事件程序纪实拍摄和编排，主办方未提出变动要求的，不应随意改变顺序或更改影片结构。

图 12-1-2

第二节 展演片

展演片，包括产品展览和操作演示或娱乐性表演。例如，汽车展览可能有模特走台、婚纱器材展多半有婚纱服装秀等。

带有操作演示的教学片也可纳入展演片类型。

展演片是当今摄制需求量较大的一种体例。

一 前期构思

展演片的摄制略异于会务片，它虽为纪实类型，但允许有创作成分。它不同于会务片拍摄必定按时间线性行进，没有可重复性。展演片拍摄时，展览的状况一般是相对稳定的，不因时间发展而改变，于是摄像师可以进行构思创作。操作演示部分通常也会反复演多次，影片素材因而有条件得以比较丰富，甚至有可能做到按编导的要求来"演"，因此这样便能符合摄像技术上的要求，使影像片得以更加完美。

展演片的"展"和"演"一般都是为产品的推介宣传服务，摄像师应当了解该产品的特点，抓住需要突出的重点并巧妙地借助镜头语言来表现。因此，在拍摄之前一定要与制片方商定拍摄方案，尽可能考虑周到，以免仓促上马手忙脚乱。

图 12-2-1

二 镜头设计

展演片的镜头设计十分必要，除了要拍摄展和演以外，现场参观的情况不可忽略。首先镜头要反映整个展厅的概况，然后要介绍某展区，最后重点落在需要突出表现的展位上。

当参观的宾客在该展位前停留时，就应以事先设计的适当机位不同角度、不同景别地拍摄。注意画面尽可能"饱满"一些，忌讳空空荡荡。

如果参观来宾中有人咨询并与展演工作人员交谈，这是赶紧抓拍的绝佳机会。摄像师应头脑清醒、沉着冷静，力求能拍到多种景别的镜头，包括特写（人、产品、手、眼神等）。还要拍摄周围参观者的反应镜头，当然空镜头也别忘记拍摄。总而言之，镜头要精心设计确保丰富多彩，不但品种多样，还要数量足够。

在技术上应当注意展览现场的光照情况，如果不同拍摄方向灯光色温差别很大，就更需要特别留心，可采用手动白平衡调整，尽可能使画面色调保持一致。

三 后期编辑

后期编辑应当好好动一番脑筋，展演片的结构和表现形式可以创新。当然这必须与制片方沟通协商，取得一致意见。

剪辑技术上，镜头组接除一般"硬接"外，可以适当用一点"软接"，还可采用某些电脑特技样式，让影像片稍稍"花"一些。

音乐的选用也很重要，关键在于合适，节奏旋律都要与会展片主题（或产品风格特征）相吻合。

音乐的音量不宜过高，作为"背景"而已。现场声尽量保留，以烘托气氛。在电脑"非编"时须对多条音轨（音乐与现场声）作适当调节，进行比较而选出最佳结合状态。某些部分也可以只要现场声，不要音乐，当然也可以只要音乐，不要现场声。这完全要看实际效果，凭创作的"感觉"而定。

展演片是否用解说词？不一定，应根据制片方的要求和艺术效果决定。有些可一目了然的或能启发思维的画面，解说词反倒成了"蛇足"，当然也可以制作多条不同版本供比照选用。

图 12-2-1

第三节 资料片

资料片，一般指介绍某企事业单位概况的宣传影片，如该单位当前规模、历史发展、曾获荣誉、主要产品（或技术、工艺）及其特色等，多用于对外来参观访问人员作概括性的宣传介绍。因而有人称资料片为宣传片，也有称作形象片的。

资料片的摄制比较复杂，它不同于会务片、展演片有十分明确的拍摄内容，明摆着不用操心就等着去拍。资料片的拍摄内容有待于编导、摄像等策划人员去设计安排，需要好好动一番脑筋。

资料片成功的要点在于：它需要大量的有效材料和巧妙的结构安排。

资料片的总长度一般在 10～20 分钟或 20 分钟略过少许。超过 30 分钟的，就显得时间过长，往往效果不好，因而比较少见。

摄制资料片是经常可能遇到的创作活动，需着重用心探索。图 12-3-1

一 资料片的材料

材料是资料片成功的基础。没有大量具有说服力的材料，光靠解说词自说自话、自我吹嘘，那一定是苍白无力的。

拍摄资料片必须全面掌握材料，根据主题需要进行筛选。

资料片的材料包括：既有的现成材料和现在待摄制的材料（或称为旧材料和新材料）。

1. 既有的材料

（1）电视录像资料片段（包括电视台播出片的录像和本单位以往自拍的录像带）；

（2）报章杂志资料（过去曾经刊载的宣传报道文章）或其复印件；

（3）照片（包括景物、人物或其他实物的照片）；

（4）图片（包括奖状、证书及画册图片等）；

（5）实物（如曾获得的奖杯、奖章、奖品或其他实物）；

（6）录音资料（过去有关的重要录音带）等等。

对上列旧材料要进行认真清理、分类、筛选，根据主题表达的需要，取其有效者而录用。

2. 待摄制的材料

（1）有待拍摄的录像画面，如生产现场、市场调查、领导讲话、专家点评等；

（2）有待拍摄的照片；

（3）有待制作的电脑动画等。

以上重点是有待于拍摄的录像镜头，也许所需的数量并不很多，然而必须抓住其要点拍摄，使现拍的内容成为不可或缺的精华材料。

二 资料片的结构

资料片未必有情节，但是必定有结构。

资料片结构的设计安排至关重要，在拍摄之前必须与制片方磋商研究，拿出策划文案并作反复讨论后决策定稿。在实行过程中，也许还会出现需要改动之处，或者突发灵感有所创新，这都是允许的，有的改动可能还属难能可贵，是十分可喜的。

资料片的结构一般有以下几种，可作参考：

1. 递进式

递进式结构通常按时间顺序、空间顺序或认识事物规律的方式，循序渐进、娓娓道来，最后归纳总结。

递进式是最常见的结构层次安排，一般资料片多采用这种方式。

2. 集合式

集合式结构通常采用空间变换，以不同典型的板块组合来反映事物的不同侧面，类似于排比句式。其效果往往能够举一反三、触类旁通、深入浅出，从而发人深省、启迪思维。

3. 对比式

对比式结构多采用纵向（前后）对比或横向（平行）对比的方式，旁征博引，滴水不漏，前呼后应，引经据典乃至推本溯源，最后水到渠成，顺理成

图 12-3-1

章得出结论。

作横向对比要注意留有余地,当避同行竞争褒贬之嫌。

4. 串联式

串联式结构是由主持人采取讲解、叙述、提问或者漫谈的方式,对整个影片内容作串联介绍。

主持人要妙语连珠、侃侃而谈起到穿针引线的作用,并且需具有相当的亲和力与可信度。

摄像和编导应当根据具体的拍摄内容进行策划,不必囿于上述几种方法,按照各自的创作个性和艺术风格大胆突破而作出创新。

三　资料片的编辑

资料片的后期编辑十分重要,它是一个"再创作"的过程。建议在编辑之前对所拥有的全部材料反复认真阅读,通盘考虑编辑创意构思,"磨刀不误砍柴工",这个时间省不得,在总体把握材料的基础上确定最佳的编辑方案。图12-3-2

在正式投入编辑工作时,除了按照既定方案编排组合以外,本文对以下几个环节特别提出一些要求,希望引起注意。

1. 片头

资料片应当有一个新颖而漂亮的片头,需要有特点、有个性、有创新;在技术上做到具有较强的视觉冲击力,在心理上产生相当大的吸引力,能够先声夺人、引人入胜。

人们常把文章的开头、主体与结尾用凤头、猪肚、豹尾来作比喻。一个好的开头乃是成功的一半,因此需编导在"开头"上多花些精力。

编导对"片头"应当认真构思进行创作,首先是想法要巧妙,具体制作可以调动电脑特技的优势,实现预期构思并尽可能创作得更加完美。

2. 解说词

解说也称旁白、画外音,解说语言比标板文字传递信息更快捷、更具感情色彩,对画面具有补充和延伸的作用,也有说明、议论或抒情功能。

对于难以用画面表现的背景信息,需通过解说词来做介绍。

凡画面能够明白无误说明问题的,无须多此一举再作解说,切忌画蛇添足、图解式的解说词。

资料片的解说词具体内容由制片方决定,文字要简明、精练、恰当。

解说词一般安排在印象镜头、空镜头或表现过程的客观镜头等画面位置,因此应当注意拍摄一些这样的镜头以备用。图12-3-3

解说词忌讳塞满,通篇喋喋不休、滔滔不绝,令人十分讨厌。

解说词还忌空洞,豪言壮语、空话连篇或自吹自擂。至于语意晦涩,令人一头雾水不知所云的,当然更应该杜绝。

3. 音乐

资料片应当选用合适的背景音乐。

图12-3-2

图 12-3-3

资料片的音频主要是解说词与背景音乐，画面现场声几乎很少保留（除人物语言外）。

选用资料片的背景音乐，同样要注意与内容的匹配，音乐的旋律节奏都要让人感到贴切，与画面运动合拍，与作品主题吻合。

4. 字幕

字幕，有人称其为标题、标板或字板。一条片子除了片头必须做标题之外，在片子当中有时也需要添加说明文字，目的在于补充内容使作品更加丰富、更加条理化。

字幕内容按制片方要求制作，注意字体、字号、安放位置、停留时间以及出现和消失的方式等。字幕颜色应与画面色彩形成对比，以醒目并能看清内容，多用白色或略加阴影。

电脑非编字幕软件中花样繁多，应当择优而用。何为优？合适即优。

以上诸环节注意事项仅供参考，未尽事宜应根据具体情况灵活地做出针对性的处理。

第二节 宣传片

宣传片，顾名思义用作宣传，有的是内部宣传，有的则属一定范围内的公开宣传。

宣传片通常是对某企事业单位、公司的总体形象介绍（也称形象片）或对某件事做宣传，多见的是对新产品、新技艺的推广或新影视片、新节目的宣传，也有公益性宣传片。

一 整体结构

宣传片经高度概括，时间短，信息量大。它的长度一般在2分钟左右，最长的大约4分钟，超过5分钟的极少。

总的说来宣传片的摄制要求比较精致，艺术创作成分较重，难度也高。首先要有好的创意构思，拍摄中特别要求摄像师技艺高超，操作技术游刃有余，后期编辑更要十分讲究。

宣传片的主题鲜明突出，内容高度浓缩，画面极具典型性并有广告宣传意味。有人戏称宣传片为迷你型典藏资料影片。

宣传片的结构无刻板规定，虽不强求结构完整，但必须内容紧凑，一气呵成。

宣传片的开头既可以开门见山，也不排斥引而不发，但多半是直奔主题，少有制造悬念的，主要是因为时间短，总的容量不够。

主体部分为若干片段之集萃，全是最精彩的镜头。

宣传片并不要求故事情节连贯完整，而画面的组接则必须无懈可击，确保绝对精当流畅。

宣传片的结尾无论是强调式、寓意式、戛然而止或是意犹未尽式，总之要让人感到余音绕梁、回味无穷而得到美的享受。

二 创意构思

宣传片的创作难在"创意"，须得围绕主题巧妙构思。创意体现出智慧，体现出文化素养，这也许是其难度关键之所在。

创意还需有一些"灵感"，有时连想三五天毫无结果，却偶尔得之。其实灵感是长期积累的产物，是由智慧和文化的积淀所形成的。

有人主张创意难得"新、奇、怪、绝"，想法贵在"另类"，甚至戏称需要"神经病"等等，虽说不免夸张，但足见创意之难。

好的创意必定非同一般，往往是另辟蹊径、出奇制胜。

宣传片的创意产生之后应精心设计分镜头稿本，然后按稿本拍摄。在此过程中可能还需作多次修改，拍摄的素材必须全部保留，以便后期编辑时再度创作。

三 表现形式

宣传片的画面讲究形式上的美，无论是镜头景别、构图、用光、色彩还是影片整体节奏均应力求上佳，乃至形成风格。

由著名导演张艺谋执导创作的《中国申奥宣传片》和《印象·刘三姐》（广西歌舞风光宣传片）堪称近几年来不可多得的宣传片佳作典范。

宣传片的表现手法应当新颖独特，具有吸引力。图12-4-1

图 12-4-1

图 12-4-2

  也许因为宣传片是一种较新的体例，它的表现形式比较活泼，自由发挥的空间较大，限制性要求较少，创作环境十分宽松，所以格外多种多样、百花齐放。有人把编导、摄像、灯光及录音等人员在现场的工作状况做成"片花"编入片中，似乎也不失为一种新的表现手段，只要效果好，也未尝不可。图 12-4-2

  此外，值得一提的是，宣传片具有明显的广告宣传性质，摄制时应注意遵守《广告法》的相关法律规定。编导、摄像应该掌握必要的法律知识，最好还是请制片方法律顾问把关。

  综上所述，影像片摄制的体例应当是丰富多彩的，远不止这几种，况且任何一种样式也绝非一成不变、墨守成规。随着我国社会经济蓬勃发展，人民生活水平日渐提高，摄像题材必将更加丰富。同时由于时代进步，人们的文化需求及欣赏口味也会发生变化，各种影像片摄制体例、表现形式自然要相应更新。摄像师应当适应这种改变以满足新的需求，在艺术创作中不断有所发展、有所创新。

思考与练习：

- 了解影像片常见的摄制体例和一般的创作方法。
- 单机拍摄会务片镜头安排的基本要求。
- 试设计宣传片分镜头稿本。

附录 家庭DV

家庭DV题材源于日常生活，随着人们生活内容的日益丰富和生活质量的不断提高，家庭DV摄录题材也更显得五彩缤纷，诸如宝宝成长、亲友聚会、生日庆祝、旅游活动以及婚礼庆典等都是家庭DV影像的题材之一。

一 孩子成长

1. 影像珍贵

当你家宝宝降生到这个世界上，第一次发出咯咯的笑声，第一次牙牙学语的情形，第一次学步的状态，乃至一个喷嚏一个哈欠，都是十分美好而令人难忘的。孩子经历的每一件事都那样的新奇有趣，却又转瞬即逝，作为父母岂可不赶紧把这些记录下来呢？因此父母一定要抓住时机，及时去捕捉多姿多彩的每一刻。

由于DV的普及和数字视频器材的拓展，记录小宝宝的成长过程如今已经并非难事。不少家庭购买DV摄录机的初衷主要是为了拍摄孩子的影像，许多家长（尤其是爷爷奶奶这一辈）觉得自己小时候别说是录像，就连照片也不多，即使有几张也多半是黑白的。现在社会进步，科技发展了，生活水平提高了，有了DV摄录机理应给孩子多拍点，记下小宝宝成长的各个阶段，这不但有趣而且有意义。

这些活动的彩色画面真实地记录了孩子幼小时的情景，随着时光的流逝越发显得珍贵，等到孩子长大成人了，作为礼品赠给他们，可不是无价之宝吗？

2. 成长阶段

孩子生长发育大致上可以分为婴儿期、幼儿期和儿童少年期，应按其不同的生理、心理特点摄录DV影像。

（1）婴儿期

婴儿期，小宝宝憨态可掬，摄录以小宝宝可爱的形象为重点，尤其要着力表现宝宝的"胖鼓鼓"和"傻乎乎"，多用近景、特写、大特写拍摄宝宝苹果般的小脸蛋、乌溜溜的大眼睛、藕段似的小臂膀、"素鸡"状的大腿、肉墩墩的小屁股（有凹塘或乌青块则更迷人）、晶莹的小手指和小脚丫等等。

这个阶段可拍摄的内容不少，诸如宝宝吃奶、睡觉、哭、笑、吵闹、啃手、蹬脚、流涎、洗澡，甚至于撒尿都可以拍。

特别是成长过程中的几个重要事件不可漏拍，如宝宝会笑，能坐，学爬，长牙，叫"妈妈"，懂话（虽不会说，但能听懂）认人，指手辨物，招手"拜拜"，"飞一个"，站立，学走人生第一步、牙牙学语等。

婴儿期宝宝变化最快，俗话常说"日长夜大"，三天不见就变了样。这个阶段应当经常拍，每个

157

星期或十来天（最多不超过半个月）就该拍一次，每次拍两三分钟，二三十个镜头就行了，目的是积累素材看变化。

（2）幼儿期

幼儿期的孩子特别可爱，会走路了，会说话了，也会"自作主张"了，往往会闹出不少笑话或出现有趣的怪腔怪动作。这个时期的拍摄重点是宝宝精彩的动作、幼稚的神态和可爱的形象。

每个孩子都有各自独特的可爱之处，家长最为了解。有的家长常说自己的孩子"顽皮"，实际上就是"活泼"；有的家长说孩子"坏"，我们也可以理解为"聪明"。这正是我们摄录的绝佳素材，切莫忽略而耽误拍摄。

顽皮好动是孩子的天性，孩子往往不听调遣，摄录的时候应当让宝宝处于自然状态，无拘无束尽情地玩，不要强加干涉。

家长可以同孩子一起玩，也可以边交谈边拍摄，因势利导让孩子进入角色。例如玩积木、拼图版、开小汽车、追逐小蝴蝶、玩泥沙、溜旱冰、开水枪、学游泳、打水仗、爬滑梯、骑小三轮车、学跳舞、做怪腔、扮鬼脸、念儿歌、背唐诗等等。玩得越投入、越执着、越忘情则越好。

幼儿期也应经常拍，一个月（不超过两个月）拍一次。

务必要注意的是，不要教孩子刻意摆出某个造型、端起什么架势、露出多少笑容来拍，就像有的人拍"到此一游"式的纪念照似的。DV影像是连续活动的画面，适宜表现动态的内容，人物要有动作、语言，效果才会更好。

（3）儿童少年期

儿童少年期是指孩子进入小学之后，这个时期家长往往认为孩子不肯拍，又没啥可拍，于是忽略了拍摄，这是十分可惜的。

这个时期可拍的内容不少，比如孩子换牙了，掉了一颗牙，露露齿，或者把乳牙收藏起来……孩子画画，在镜头前展示一下，做作业、练书法、骑自行车、溜滑板、玩iPad游戏……有的孩子还拿学校里教的题目来考考爷爷奶奶，真是十分有趣。

确实有的孩子这段时期不大愿意被拍了，那么，我们是否可以同孩子角色互换一下，让孩子拍家长呢？这样孩子肯定有兴趣，而且拍摄效果未必差。

不要小看孩子，现在的孩子可聪明了，他们

对 DV 的摄录要领可能比成人领会得还快还好。我们可以放手让他们拍小伙伴，比如拍学校的春游秋游、六一庆祝活动、班级的文娱演出等等。

对少年儿童掌握 DV 摄录技艺，笔者深信不疑并充满信心。当年上海东方电视台"东视少儿新闻"栏目的小记者多半是小学生，笔者作为他们的指导老师深有体会。孩子们不但能拍出规范的画面，而且能组织镜头编写故事，乃至归纳出一定的道理或引发某些思考……真的不简单。

3. 注意事项

拍摄中假使发生小小的意外，例如孩子在草地上奔跑时跌了一跤，这时请不要停摄，也不必急于去搀扶，而应不失时机地继续拍摄，可能会有难得的精彩镜头出现。笔者曾遇到过这种情况：这个跌倒的孩子自己爬起来，拍了一下裤腿上的泥（其实没有泥）然后朝跌倒的地方跺了一脚……这样的镜头很有童趣不可多得，是十分珍贵的。

每次拍摄前最好考虑一下拍摄的主要内容，构思活动的情节。根据你平时的观察，这个阶段孩子怎样的状况最有趣，以此确定大致的摄录计划。拍摄中要有预见性，力求拍到生动的精彩镜头。家长设法引导孩子进入某个情境，由他尽情发挥，也可同孩子说话，有意逗引他激发他，让孩子发挥得淋漓尽致。例如孩子看到小河里的金鱼十分兴奋，大叫"啊——鱼"，家长可以故意装作没看见问他在哪里，这时孩子的情绪可能会特别激动，表情异乎寻常的精彩，恐怕是任何表演都无法模仿的。

假如有几个小朋友一道玩，他们会玩得更投入、更放松、更尽兴，这时小伙伴们无拘无束，可能出现意想不到的状况，拍摄中应特别留意。笔者曾亲见以下情景：三个小女孩在玩遮阳伞，那天既不下雨又没太阳，不知她们在挡什么。三人兴高采烈打着伞，一路欢声笑语从东到西又由西向东，突然两个小姐姐把伞往后一翘，只听到"哇——"的一声，小妹妹大哭起来："我挡不到了……"所幸笔者心中有所准备抓拍到这个镜头，同时又哑然失笑，不由地感慨——孩子们的某些行为表现和思维方式真是成年人难以理解的。

每次拍摄的内容都以镜头组的形式来表现，每个细节都应有特写"分镜头"强调，记住摄录要领，注意镜头的组接和过渡，把摄录技巧综合运用到实践中，还可以适当"玩"一点小特技。

这样拍摄的素材，基本上就可算得比较完善了。

二 日常生活

1. 拍摄内容

日常生活可拍摄的内容最丰富，可是往往被忽略，都是一些习以为常的家庭琐事，诸如：

买菜、做饭、洗衣，

吃饭、洗碗、扫地，

聊天、品茶、看电视，

下棋、打牌、练拳、跳健身操，

化妆、试衣、做发型，

遛狗、遛鸟、养花、逗小猫，乃至修理家具、整烫服装、超市购物、小花园散步等等。

此外社区组织的活动也可归入日常生活类内容。

2. 应当多拍

这些活动看起来十分琐碎，似乎不值得一拍，而且有的被摄者看到自己的镜头形象往往觉得模样"傻"，动作可笑，于是大叫"懋"，吵着闹着要求抹掉。但是笔者奉劝你：不仅不该删除，而且应当多拍。这是生活的真实记录，当时你也许不以为然，甚至于觉得自己的样子有点"傻"。不过请你相信，等过几年以后再看这些镜头，可能就体会出其中的滋味，兴许会感慨当初应当多拍一些。

DV影像能让岁月驻留，能让时光逆转，我们何不充分发挥DV的作用，抓住时机为自己为家人记录下原汁原味的生活，留待日后品尝它的甘美呢？

3. 全家参与

有孩子的家庭，孩子当然参与拍摄，日常生活片与孩子成长片没有什么本质上的区别，只是侧重点略有差异。有孩子又有老人的家庭，拍摄的内容就更丰富了，三代人共同生活，享受天伦之乐，尤其是祖孙之间的亲情，更是妙不可言。

只要我们平时稍加留意，就能发现生活中有许多有趣味的事。例如：

宝宝吃饼干，爸爸商量"咬一口"，宝宝挺爽快，没想到爸爸狠狠一大口，咬剩一只角，宝宝不乐意，哭闹，妈妈"推波助澜"说"该赔"，奶奶假装打爸爸，爷爷"变魔术"从爸爸口中"变"出一块完整的饼干，于是宝宝破涕为笑；

饭后妈妈削苹果，女儿捧果盆送到爷爷奶奶面前，奶奶取了一块先塞到小孙女嘴里；

小外孙给外公捶背，捶得外公大叫"疼"，外婆在一旁笑得合不拢嘴；

孙子同爷爷下象棋，争吵起来互相指责对方耍赖；

外婆给外孙女梳小辫儿；

孙女给奶奶剪指甲；

外公看报，小外孙捣乱，夺老花眼镜自己戴上；

小孙女同奶奶挑绷绷；

爷爷打太极拳，小孙子抢起拐杖"玩孙悟空"等等，不胜枚举。

4. 拍摄方法

发现了摄录内容，就可以着手拍摄，如果当时不能拍，请记住这个情节，另外安排时间专门组织拍摄，并引导角色进入相似的情境。但是不要刻意去"表演"，切莫逼着孩子硬生生地去重复模仿，而是要顺其自然，尽可能不露出"摆布"的痕迹。

只要你经常拍摄，孩子对 DV 习以为常了，在摄录机前的表现也就放松了，这样你所拍摄的镜头也就真实可信了。

还可以采用"偷摄"的方法，捕捉角色松弛自然的表现。先固定机位（例如把 DV 机安放在桌子上某个可拍摄的位置）开拍，然后声称机器出故障暂时没法拍，先让他们玩一会儿，此时你再装出摆弄修理的样子，实际上已全都拍摄下来了。这样"偷摄"来的画面特别真实自然、生动有趣。

采取上述固定机位的方法，摄像者本人也可以进入画面参与活动，便可拍到全家人都在镜头里的合家欢的场面。

日常生活录像片，每个镜头时间较长，画面往往不怎么好看。为了获得较理想的视觉效果，最好做后期编辑，请记得补拍些空镜头和反应镜头。

家庭日常生活录像随时都可以拍，以内容而定，凡家中有稍重大的事更应当拍，时间上没有死板的规定，随你高兴，一般最多隔两三个月就该拍一次。

三 生日聚会

孩子过生日、老人祝寿、亲友聚会都是我们家庭生活中经常会遇到的较为重大的活动，这些活动也是家庭摄像的题材之一。拍摄这类题材一定要注意活动内容的安排，讲究情节结构和先后程序，尽可能把它拍成一条专题短片，成为家庭生活档案中的珍贵一页。

1. 孩子过生日

孩子过生日，特别是过 10 岁"大生日"，拍摄不能马虎，要认真构思安排好拍摄内容，特

别重要的是程序合理,内容充实。

片子结构要有片头、主体和片尾。

片头

片头可用一组孩子的照片(挑选形象可爱的或本人特别喜爱的)以时间为顺序,由小渐大,在"会声会影"编辑软件里做个片头。也可以摄录照片做片头,照片最好装裱美化,旁边注明年龄或拍照日期。

装裱形式多样,可以把装裱纸一起摄入画面。注意照片不要放在画面的同一位置,而要有变化,以免相同景别出现镜头"跳"的问题。

整个片头大约共1~2分钟即可。

主体

主体部分先拍摄反映生日的字样,例如:"今天我10岁"或"祝你生日快乐"等,这些字句可以事先写好,也可以利用生日贺卡上现有的文字。

然后拍摄"小寿星"活动的内容,具体安排没有标准模式,应酌情灵活处理。例如:

"小寿星"接受小朋友的祝贺,与小朋友一道玩耍游戏,唱卡拉OK,才艺表演,有拿手的绝活更好,家人长辈赠送生日礼物,大家一起动手准备生日晚餐。也有小客人每人送上一个菜的,这也十分有趣(去酒店用餐的除外)。

晚宴开始最好由小朋友主持,"小寿星"即席讲话,小朋友赠送小礼品,每人说一句"知心话"或表演一个小节目,相互祝酒(饮料)、干杯等等。

上述内容具体拍摄都应当以不同景别、不同的镜头语言来表现,而且不时地穿插蛋糕、礼品、贺卡等空镜头。

片尾

片尾比较简单,可以拍摄大家围着蛋糕齐唱生日歌的场景,要安排好各人的站位,尽可能不要有人被遮挡。也可以拍切蛋糕、分蛋糕,以及小朋友们吃蛋糕的各种"吃相",比如奶油沾到鼻尖上,大家哈哈大笑,动手擦,结果越擦越多成了"白胡子"等等。最后可以利用生日贺卡的图案"淡出"。

孩子过生日DV影像片最好做后期编辑,加配音乐《生日歌》或再加上孩子自我介绍的解说词。

解说词可事先写好,读熟,正式配音时要讲述,不要照念,更不能死背,语气应当亲切、自然。

2. 老人祝寿

老人祝寿片在形式上要比孩子生日片简单,同样重要的是要安排好拍摄内容,不能拍成单纯

的一个"酒席宴",应该适当安排一些能表现老人寿诞的镜头。例如:

　　家人给老寿星献上礼品,小辈给老人行礼,寿星老夫妇与孙儿辈的亲热,不时穿插客厅里的"寿"字、寿桃、寿糕等空镜头。酒宴开始后也可以安排子女致祝寿词、给老人敬酒、老人为儿孙祝福等。

　　片尾可用切蛋糕或全家合影的镜头作"淡出"结束。

3. 亲友聚会

　　亲友聚会片的拍摄,基本上是实况的记录,但也不能忽视内容的设计。可以适当做一些必要的安排,由其中比较活跃的朋友作为这次聚会活动录像的"串联人",边拍边讲,实际上作了现场解说。

　　要力争拍到陆续到来的朋友刚进门时的情景(这时最真实生动),有可能拍到他们久别重逢、热烈拥抱的激动场面。还可以有意识地组织人物对话,反映出这次聚会的原因和各人的近况等。

　　宴会开始后拍摄敬酒、干杯、叙旧、交谈等常规内容。

　　拍摄时要注意镜头切分、景别变化,要有全景、中景,确保有近景、特写,尤其值得注意的是每位来宾都得上镜,都应该给镜头"露脸",不可疏漏。

四 旅游风光

　　旅游风光(包括公园游玩)是 DV 影像重要的摄录内容,可以说不少朋友买摄录机就是冲着这事来的。

　　拍旅游片要求很宽松,没有刻板规定,随你心意喜欢啥拍啥。总体类型它属于纪实类作品,说白了就是流水账,拍旅游活动过程中的所见所闻。不过,假如你做个有心人能从中有所发现,拍出你的"所感",并借题发挥创作,可能就是一部小小的 DV 作品。

1. 旅游片的基本要求

　　确保画面中人、景、物都要美,光线色彩可能会受到一定的局限,但画面构图要尽可能漂亮一些,对现场声要求不高,无须完整连贯。

　　旅游片的拍摄内容应当抓住:时间(季节特征)、地点(景观)、人物事件(活动)这几个要素,还要注意拍些反映景点风光和当地风土人情的总体印象镜头。

交代人物

　　在片中适当时机逐个交代旅游的(家庭或团队)人物,尽可能让每个人都有近景以内的镜头,

163

不要造成有的人镜头特别多，而有的特别少。

交代景物

注意抓住景点环境概貌特征，着力表现标志性景观，也别忽略乡土民俗风情和当地独特风光，比如某地以"观日出"为特点或者"观潮"是当地特色。

交代事件

旅游行程中参与景点活动，比如扮新郎、采鲜果、划龙舟等等，凡轻松活泼、让人喜闻乐见或值得纪念的都应及时"拿下"。

假如途中偶遇奇观，例如云海、佛光、海市蜃楼等等，这些珍贵镜头千载难逢、可遇不可求，镜头力争要拍到，画面构图美不美在其次，这时首选的是一个"有"字。

2. 旅游片的拍摄方法

旅游片在旅行途中拍摄，应综合运用DV摄录技巧，尽可能停下脚步用固定镜头来拍。我们经常看到旅游点有不少朋友边走边拍，效果肯定好不了，而且又危险，稍不留神可能闯祸。

镜头切分也须考虑组接的需要，心里要有章法。

抓拍为主

旅游片以抓拍为主，力求不干扰对象，抓到精彩感人的细节。比如在登泰山途中看到残疾人拄着拐杖奋力向上，请赶紧抓拍下来。

允许摆拍

旅游片也允许摆拍，最好抓摆结合"摆中抓"，以自然、自在为好，要靠巧妙引导，切忌生硬摆布，露出作假痕迹就十分别扭。

重在设计

旅游片重在人物活动情节的设计。笔者曾见到泰山登顶后有些朋友赶忙在南天门前站着拍上一段，这就像是在拍纪念照。我们应当明白：DV影像不是照片，要拍"活"的。何不设计某个情节让人物动起来？动作设计应与景点本身融洽才合适，自然合理就可行，比如让他擦汗、喝水或

者大喊一声"我到南天门啦"！

另外，凡有机会让人物"动"的尽量要动起来，比如"农家乐"踩水车活动，大家参与，动作姿态各异，画面效果一定好。

3. 旅游片的镜头安排

景别搭配

景别搭配多切分采用中景、全景，重点部分则可用近景表现。摄录机镜头多固定少运动，注意画面组接体现观察规律（前进式或后退式），进入景点从远到近，由整体到局部。离开时相反。

人景兼顾

摄录时记得换对象、变角度。人和景呼应形成内在联系，自然而合乎情理。

强调细节

细节可用特写镜头，也可采用反复的手法来表现。尤其是儿童在旅游景点的动作表情，需要及时抓拍并突出细节特征，做到真实、生动、有趣。

讲究"看点"

旅游片讲究画面观赏性，注意形成"看点"。

镜头语言的形式可变化多一些，除了客观镜头以外，还应巧妙运用人物主观镜头和反应镜头，让人与景、事件与反应形成照应，此外别忘多拍些空镜头，尽量发挥它的修辞作用和抒情功能，这才叫"用镜头看风景、说故事、写文章"。

文化内涵

除了景点的风光还得重视历史文化，讲究"人文景观"。因此最好提前做些案头工作，查阅相关资料，有备而来才会不虚此行。

借景抒情

旅游题材的创作表现某种情感或感悟，借助当下的景观，自然而然、顺理成章地抒发人物情感则更好。

引发思考

拍摄过程中若能即时有所发现，于细微处引发思考或让人有所启发最为可贵。在旅游活动过程中做有心人，找个小小的"切入口"并具有巧妙的立意，让作品"站"起来。

165

数码摄像新教程

参考书刊：《电视摄像艺术》
　　　　　《电视编辑艺术》
　　　　　《数码影像时代》
　　　　　《摄影与摄像》

特邀审订：吕尚伟

特约摄影：包　钢　梅建国　郑惠国　郑子愚
　　　　　刘雯娟　毕　圣　徐　进　黄炯磊

资讯支持：冯　剑　何　丽　干晓云　杨荣平
　　　　　韩凯伦　夏春秋　李　俊　董蕙瑜
　　　　　陈复明　陈思灵　王龙飞　孙一丁

图片提供：夏　耘　文　雪　陈德志　夏　捷
　　　　　金国平　谭嘉卿　陈　怡　史桂兰
　　　　　李秀华　陆雯华　徐丁宜　沈伟雄

校读统筹：潘　锋　王资厚

图片顾问：谢新发

图书在版编目（CIP）数据

数码摄像新教程／夏正达编著．—— 上海：上海人民美术出版社，2019.2（2024.7重印）
高等院校摄影摄像基础教程
ISBN 978-7-5586-1170-4

Ⅰ．①数… Ⅱ．①夏… Ⅲ．①数字摄像机－拍摄技术－高等学校－教材 Ⅳ．① TN948.41

中国版本图书馆 CIP 数据核字 (2019) 第 005333 号

高等院校摄影摄像基础教程
数码摄像新教程

编　　著：	夏正达
责任编辑：	张　璎
排版制作：	施韧鸣　黄婕瑾
技术编辑：	史　湧
出版发行：	上海人民美术出版社
	（上海市闵行区号景路 159 弄 A 座　邮编：201101）
印　　刷：	上海丽佳制版印刷有限公司
开　　本：	787×1092　1/16　10.5 印张
版　　次：	2019 年 2 月第 1 版
印　　次：	2024 年 7 月第 4 次
书　　号：	ISBN 978-7-5586-1170-4
定　　价：	42.00 元